Retrieval and Matching

检索匹配

深度学习在搜索、广告、推荐系统中的应用

康善同 / 编著

机械工业出版社
CHINA MACHINE PRESS

本书主要介绍了深度学习在互联网核心的三大类业务（搜索、广告、推荐系统）检索系统中的应用。书中详细讲述了检索匹配的理论、演进历史，以及在业务中落地一个基于深度学习算法模型的全流程技能，包括业务问题建模、样本准备、特征抽取、模型训练和预测等，并提供了相应的代码。

全书共 11 章，分为四大部分。第 1 部分（第 1~2 章）介绍了深度学习的相关理论知识；第 2 部分（第 3~6 章）介绍了业务中如何上线一个深度学习模型，包括标签拼接、特征抽取、模型训练和预测等流程，采用单机实现；第 3 部分（第 7~9 章）介绍了检索算法基本理论以及演进历史，并以业内应用较为广泛的双塔模型 DSSM 为例进行了详细理论解析和代码实现；第 4 部分（第 10~11 章）介绍了如何将单机训练模式改造为分布式训练模式，以加快模型的训练速度，从而应对具有海量样本的业务场景。

本书为读者提供了全部案例源代码下载和超过 180 分钟的高清学习视频，读者可直接扫描二维码观看。

本书旨在为读者介绍深度学习在互联网业务中落地的方法和实现，主要面向算法工程师、相关领域研究人员和相关专业院校师生。

图书在版编目（CIP）数据

检索匹配：深度学习在搜索、广告、推荐系统中的应用／康善同编著 . —北京：机械工业出版社，2022.6（2024.11 重印）
（大数据科学丛书）
ISBN 978-7-111-70607-6

Ⅰ.①检… Ⅱ.①康… Ⅲ.①机器学习—应用—互联网络—信息检索 Ⅳ.①TP181②G254.928

中国版本图书馆 CIP 数据核字（2022）第 067315 号

机械工业出版社（北京市百万庄大街 22 号　邮政编码 100037）
策划编辑：张淑谦　责任编辑：张淑谦
责任校对：徐红语　责任印制：刘　媛
涿州市般润文化传播有限公司印刷
2024 年 11 月第 1 版第 4 次印刷
184mm×240mm · 12.75 印张 · 299 千字
标准书号：ISBN 978-7-111-70607-6
定价：79.00 元

电话服务　　　　　　　　网络服务
客服电话：010-88361066　机　工　官　网：www.cmpbook.com
　　　　　010-88379833　机　工　官　博：weibo.com/cmp1952
　　　　　010-68326294　金　书　网：www.golden-book.com
封底无防伪标均为盗版　机工教育服务网：www.cmpedu.com

前　言

PREFACE

历史的车轮滚滚向前，事物总是处于不断的发展变化中，不断有新事物兴起，带来更加先进的生产力。对于互联网来说，内容分发和深度学习正是这样的新事物。

深度学习的兴起

自从互联网（尤其是移动互联网）兴起后，其用户呈现指数级增长。在互联网里，每个用户都可以自由地发布文章、图片、视频等内容，从而导致互联网上产生了浩如烟海的内容。这些内容是如此之多，以至于互联网公司需要开发一套复杂的检索系统来为用户推送他们可能感兴趣的内容。为用户提供内容的业务可以称之为内容分发，用户通过搜索引擎查询相关知识，是主动的内容分发；用户打开短视频平台，观看平台推荐的各种短视频，是被动的内容分发。内容分发的三大核心业务即为搜索、广告和推荐系统。

内容分发业务的猛烈发展带来了检索匹配算法的快速进步。2011年，笔者第一次接触算法工作，召回的主流算法是协同过滤，排序用的是 LR 和 GBDT。然而到了 2015 年，深度学习已经被引入到互联网业务中，并且四处开花，全面统治了互联网业务的算法系统。

与此同时，学术界对深度学习算法的研究也开展得如火如荼，各种基于深度学习的算法创新层出不穷。但是，在大型的互联网业务中，算法的核心目标是预估点击率、转化率、购买金额、观看时长等业务指标，这些算法任务面临的场景具有两个特点——海量的样本数据和高维稀疏的特征体系。因此在互联网业务中涌现出了很多独具特色的算法创新，譬如大规模的特征体系、模型的分布式训练/实时训练，以及与业务紧密结合的模型结构（如阿里的行为序列模型系列、百度的莫比乌斯模型）等。

本书主要内容

本书旨在向读者介绍在实际的互联网内容分发业务中，检索匹配算法的基本理论知识，以及深度学习模型实践。书中不仅详细介绍了检索匹配算法的各种分类和演进历史，以及模型上线所需要的样本准备、特征抽取、模型训练和预测服务等环节，并在此基础上，介绍了互联网业务中常用的高级网络结构和分布式机器学习。

纸上得来终觉浅，绝知此事要躬行。内容分发算法系统中充满着大量细节，必须理论结合代码实现才能有清晰的认识。本书提供了一个深度学习模型上线所需的全套代码（包括特征抽取、单机/分布式模型训练、模型预测、模型保存与加载等）供读者进行学习参考，并以淘宝广告点击率预估任务为示例详细介绍了每一个模块的实现和效果。

本书为读者提供了全部案例源代码下载和超过 180 分钟的高清学习视频，读者可直接扫描二维码观看，也可以关注封底"IT 有得聊"微信公众号下载（详见本书封底）。

希望本书所讲述的内容能够对从事算法相关研究或工作的读者有一些帮助。

致　谢

特别感谢快手孔莹、B 站李晓伟在深度学习理论与应用、分布式机器学习实现等方面与笔者进行的诸多探讨，令笔者受益良多。

最后，非常感谢机械工业出版社的编辑老师在本书成书过程中的大力帮助和图书出版方面的专业指导。

康善同

2022 年 1 月

CONTENTS 目录

前 言

第1部分 理论准备

第 2 部分　设计与实现

第 3 部分　高级深度学习模型

第 7 章 CHAPTER.7

检索算法理论 / 92

第 8 章 CHAPTER.8

检索算法演进 / 112

第11章　CHAPTER.11　分布式机器学习设计与实现　/　170

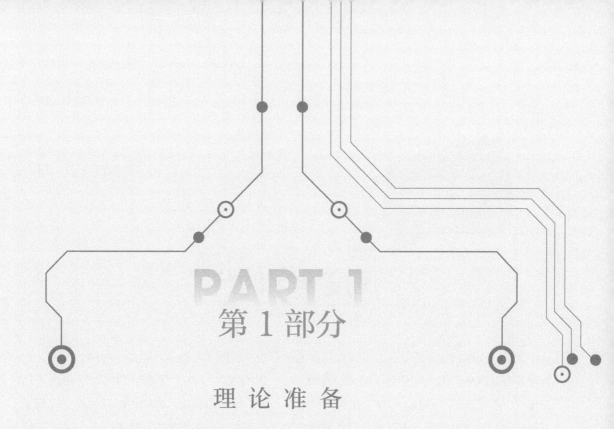

PART 1

第1部分

理 论 准 备

近年来，无论是在学术界还是在互联网工业界，深度学习都是非常火热的研究方向。本部分在探讨深度学习给各个应用领域带来革命性变化的同时，重点介绍了深度学习在互联网核心的搜索、广告、推荐系统中的应用，以及人工神经网络与深度神经网络的理论知识，并分析了深度神经网络如此高效的原因及其局限性。

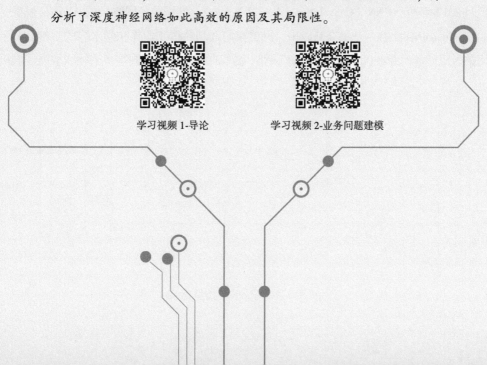

学习视频 1-导论　　　　　　学习视频 2-业务问题建模

第1章

▶▶▶▶▶▶▶

深度学习时代

　　无论在互联网业务还是在人工智能相关的研究中，深度学习都是一门炙手可热的技术。尤其是在互联网核心的内容分发（搜索、推荐、广告）业务中，基于深度学习的算法渗透了用户理解、内容理解、召回、排序、出价等环节，为用户体验和商业化等相关指标的提升起到了不可替代的关键性作用。本章将主要介绍深度学习在互联网业务中的应用场景以及相关的工程框架。

1.1　深度学习的飞速发展

　　自从 2012 年基于 CNN（Convolutional Neural Network，卷积神经网络）的 AlexNet 模型（见图 1-1）在 ImageNet 比赛中一举夺魁以来，深度学习逐渐获得工业界和学术界的重视，基于深度学习的人工智能已经在机器翻译、图像识别、游戏对弈和自动驾驶等多个领域取得了突破性成果。

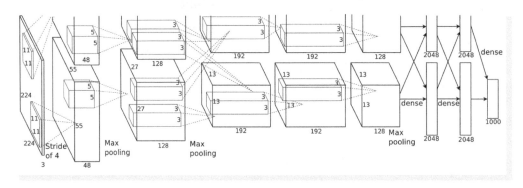

● 图 1-1　AlexNet 模型结构

1）在机器翻译领域，2020 年百度提出了语义单元驱动的 AI 同传模型，翻译准确率为 80%，时间延迟约为 3 秒，与人类水平相当。

2）在图像识别领域，2015 年谷歌（Google）在 ImageNet 大规模图像视觉识别挑战赛中将图像分类 Top5 错误率降低到 3.5%，超过了人类的识别水平。

3）在游戏对弈领域，2016 年 DeepMind 的 AlphaGo 战胜了人类围棋世界冠军李世石，2017 年战胜了围棋世界排名第一的柯洁。

4）在自动驾驶领域，伴随着新能源汽车市场份额的逐步扩大，辅助驾驶功能已经成为汽车的标配，包括谷歌、特斯拉、百度、华为在内，各大公司、厂商纷纷加码自动驾驶的研发。

除了以上领域，深度学习在医疗、机器人等行业也得到了深入应用，呈现全面开花之势。

1.2 深度学习在互联网的应用

对于大型的互联网业务来说，如百度的搜索、抖音的短视频推荐、阿里的商品服务等，其服务的用户可以达到数亿乃至数十亿的规模。每个用户都有自己独特的喜好和需求，所以这些业务需要为海量的用户提供个性化的服务，天然具有使用机器学习的迫切需求，同时海量的用户也带来了海量的用户数据，为机器学习发挥作用提供了必要条件。因此，深度学习在图像识别领域获得了成功后，便被大规模应用在了互联网业务中。

某种角度上说，消费互联网的主要功能是连接，如连接人和人（社交）、连接人和信息（文字、图片、短视频、长视频）、连接人和商品（电商）、连接人和服务（外卖）、连接人和广告（互联广告）等。这种连接按照用户的主观能动性可以分为两种，一种是主动连接。用户有明确的需求或者是目标，主动发起连接，典型的主动连接行为是搜索，如在搜索引擎中查询深度学习相关的论文；另一种是被动连接。用户没有明确的目标，由互联网平台根据用户的固有属性（年龄、性别、兴趣、爱好等）或者历史行为信息推送用户感兴趣的内容，典型的被动连接是推荐，如当下比较流行的短视频推荐、商品推荐。连接的一端是海量的用户，另一端是海量的内容，而负责进行连接的就是检索匹配系统。

从内容属性上来说，搜索引擎检索的文档、短视频 App 推荐的视频等都属于用户内容，算法的设计主要关注用户指标，如相关性、留存、用户时长等。广告是商业内容，每个广告上都有一个出价（bid），广告算法关注的主要指标为点击率、转化率、收费金额等商业指标。广告既可以是主动连接的——搜索广告，也可以是被动连接的——推荐广告。

深度学习在搜索、推荐、广告业务中的用户画像建设、内容理解、召回排序等阶段都发挥着关键性作用。下面先来看一下搜索、推荐、广告业务的检索匹配流程，以及算法在其中扮演的角色。

▶▶ 1.2.1　搜索

搜索业务是一项古老的互联网产品形式。百度、谷歌起家的业务就是通用信息搜索。除了通用搜索,各个垂直类网站也都有自己的垂直搜索引擎,如电商平台的商品搜索、旅游平台的景点搜索等。

常见的搜索流程如图 1-2 所示,用户打开搜索引擎网页或者 App,在搜索框中输入想要检索的内容(可以是文本,也可以是图片),然后搜索引擎会返回一系列的相关搜索结果,通常这些结果会包括文字、图片和视频等。

● 图 1-2　搜索系统示例

搜索引擎的使用是非常简单轻便的,然而搜索引擎为用户提供服务的后台系统却是非常复杂而庞大的。图 1-3 展示了搜索引擎的基本工作流程。

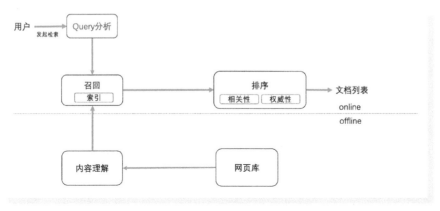

● 图 1-3　网页搜索的算法流程

首先离线从互联网上爬取海量的网页内容，整个互联网的网页相互之间通过内置的跳转链接成了一个巨大的网络，爬虫会像蜘蛛一样从一个或者若干个节点出发，遍历整个网络，解析网页结构，抓取网页内容。

对爬取的网页库进行内容理解，一般来说内容理解可以分为两个方向：

1）结构化理解。给内容打上各种人类可理解的标签，如为某个宠物图片标记 tag-"宠物"，互联网上的内容主要包括文本、图片和视频，需要使用 NLP（自然语言处理）和 CV（机器视觉）的相关技术进行主题识别、关键词抽取、图片实体抽取和视频标签解析等。

2）分布式表示。将网页内容表示成一个稠密向量（如<0.125，-2.183，……>），类似于模型使用稀疏特征进行表示时首先将稀疏特征表示成为一个 embedding，这种方法是将网页内容整体表示成为一个 embedding，通常会基于大规模的无监督或者有监督数据训练一个模型（如常见的双塔模型或 Bert），然后将内容送入模型中，生成一个 embedding。在线上检索时，query 也会用同样的模型生成一个 embedding，用 query embedding 去检索临近的内容 embedding。

根据内容理解的结果建立倒排索引，推送至线上。在倒排索引中，索引的 key 为内容理解出的结构化标签或者 embedding，value 为内容的 id。在使用 embedding 建立索引时，为了在性能和准召之间进行平衡，有一套独特的检索方法，称作 ANN（Approximate Nearest Neighbor）检索。

当用户输入检索 query 后，检索系统会对 query 使用和内容理解同样的方法进行结构化理解或提取分布式表示。

根据 query 识别的结果从索引中检索文档，这一步又称之为召回。如果采用结构化表示，一般采用布尔检索；如果采用分布式表示，一般采用 ANN 检索。

将检索出的文档进行排序，返回最终得分 Top 的文档列表。搜索排序一般考虑的因素为网页的相关性、网页的权威性等，其中基础的搜索网页相关性算法为 BM25，网站的权威性主要依赖 PageRank 算法。

搜索在内容理解、query 解析、排序等环节都使用了大量基于机器学习（尤其是深度学习）的模型。基于深度学习的各种模型，后续会进行详细介绍，这里简单介绍一下网页搜索领域经典的 PageRank 算法。

互联网上存在着海量的网页，对于用户的检索词，搜索引擎基本都上都能检索出大量的网页，如用户在检索"华为手机售卖价格"时，往往会检索出多个电商平台或者是商家网页的出价信息，因此对这些网页如何排序就成了一个关键性的问题。从用户体验的角度来讲，用户进行检索需要得到的是明确、权威的信息。对于 query-"华为手机售卖价格"来说，如果检索的结果中有华为商城官网或者电商平台上的华为旗舰店，那么用户的检索需求就得到了充分的满足，检索的体验是非常棒的。所以网页权威性是搜索引擎排序的一个重要指标，在相关性等指标相似的情况下，权威性越高的网页越要排在前面。

如何衡量一个网页的权威性呢？PageRank 算法的诞生正好解决了这个问题。该算法基于一个很朴素的思想：如果一个网页被很多其他的网页链接，那么这个网页是具有权威性的。如图 1-4 所示，每个笑脸代表一个网页，笑脸的大小与指向该笑脸的其他笑脸的数目成正比。这类似于在科研领域，一篇论文的引用数越多，则这篇论文在领域内的重要性就越高。下面就让我们来看看 PageRank 算法的工作流程。

● 图 1-4　PageRank 笑脸图

假设存在 4 个网页 A、B、C、D。其中 B 链接到 A 和 C，C 链接到 A，并且 D 链接到 A、B、C。

1）初始化 4 个网页的 PR（PageRank）值为 1/4。

2）根据每个页面连出总数 L(x) 平分该页面的 PR 值，并将其加到其所指向的页面。

$$PR(A) = \frac{PR(B)}{L(B)} + \frac{PR(C)}{L(C)} + \frac{PR(D)}{L(D)} = \frac{PR(B)}{2} + \frac{PR(C)}{1} + \frac{PR(D)}{3}$$

$$PR(B) = \frac{PR(D)}{L(D)} = \frac{PR(D)}{3}$$

$$PR(C) = \frac{PR(B)}{L(B)} + \frac{PR(D)}{L(D)} = \frac{PR(B)}{2} + \frac{PR(D)}{3}$$

3）重复上一步，直到每个网页 PR 值进入稳定收敛状态。

▶▶ 1.2.2 推荐

在互联网发展的早期，推荐主要用于在新闻、电子商务网站等场景，为用户推荐可能感兴趣的新闻和商品。典型的应用场景为电商网站中的"看了还看"和"买了还买"。顾名思义，"看了还看"主要针对用户正在浏览的商品进行推荐，如用户正在浏览华为的手机，可能他对苹果手机也有兴趣；"买了还买"针对用户已经购买了的商品进行推荐，如用户买了手机，可能他还想买一个手机壳。推荐系统对于提升用户对网站的访问体验非常重要，根据测算，亚马逊网站上 30% 的商品浏览来自于推荐系统。

最近几年，信息流在互联网异军突起，深受广大用户的喜爱。信息流是一种流式的内容流，图文或者视频像瀑布流一样，不断地推送给用户。在推送过程中，推荐系统不断地收集用户对已推荐内容的行为反馈，实时计算用户兴趣的变化，从而推荐更加符合用户兴趣的内容给用户。信息流这种永不枯竭的内容提供方式，再加上推荐算法实时的用户兴趣捕捉，共同促成了信息流高质量的用户体验，迅速风靡全世界。截至 2021 年 9 月，发布仅仅 6 年的抖音在中国市场的 DAU（日均活跃用户数量）已经超过了 6.4 亿。

图 1-5 展示了一个商品推荐系统。当用户打开一个电商平台网站时，该平台网站就会根据用户的浏览或者购买记录推荐他可能感兴趣的商品。

● 图 1-5   商品推荐系统示例

在搜索行为中，用户的需求是明确的，通过 Query 进行表达，连接是用户主动发起的；而在推荐系统中，用户的需求是不明确的，只能通过用户画像和用户的实时行为进行推测，连接是被动的。

如图 1-6 所示，推荐系统的流程和搜索的流程基本类似，都需要先通过对内容进行理解建立倒排索引，然后线上进行召回和排序。不同之处在于：

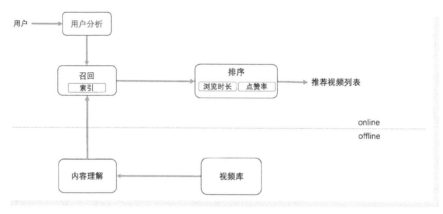

● 图 1-6　视频推荐系统流程

首先，搜索主要依赖于对 Query 进行分析从而检索相关的内容，整体目标是相关性等，而视频推荐系统主要依赖于对用户画像和用户历史行为的分析来推荐给用户感兴趣的内容，整体目标是用户的时长、点赞率等。如果用户经常喜欢看美食类的短视频，那么推荐系统将会认为用户对美食类短视频感兴趣，从而给用户推荐更多的该类型视频。

其次，推荐系统排序所用到的浏览时长预估、点赞率预估往往采用大规模的深度学习模型，而搜索还会倚重 BM25、PageRank 等传统方法。

除此了以上两点，搜索作为一个信息检索工具，其目标是让用户迅速得到想要的信息，因此用户的单次检索使用时间越短、满意度越高越好；而推荐很多时候被作为一个娱乐工具，其目标是让用户尽可能沉浸其中，因此使用时长越长越好。相比于搜索，在推荐系统中，用户的行为序列更长、也更加连续，所以推荐系统模型特别强调对用户行为序列的应用。

▶▶ 1.2.3　广告

自从互联网诞生以来，广告就与电商、游戏并称为互联网的三大商业化方式。大家耳熟能详的互联网公司其实也是知名的广告公司，如国外的谷歌（Google）、脸书（Facebook），国内的腾讯、字节跳动、阿里巴巴等。

互联网广告往往嵌入在搜索引擎搜索出的网页或推荐系统推荐的用户内容之中。图 1-7 展示了一个信息流推荐系统的广告示例。

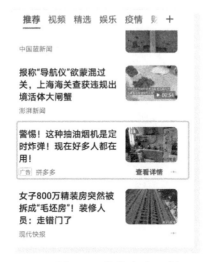

● 图 1-7　推荐广告示例

2021 年上半年，中国互联网广告市场的投放金额达到了 3000 亿元，而全球数字广告市场 2021 年预计总支出会达到 3110 亿美元。互联网广告庞大的市场催生出了层出不穷的产品和技术创新。

在产品方面，一方面，为了保障广告主的 ROI 并权衡广告主和平台的利益，诞生了 oCPX 广告，广告按照展现/点击计费，但是平台必须保证广告主的转化成本不超过广告主的要求；另一方面，为了大广告主投放的快捷高效并综合使用广告主和平台的数据/技术能力，诞生了 DPA（Dynamic Product Ads）和 RTA（RealTime API）。DPA 也就是动态商品广告，可以让拥有大量商品的广告主高效地投放数千万的商品，而 RTA 则给了广告主干预平台 PV 级别决策的权力，广告主可以在一个广告请求上选择要不要触发广告、平台还是广告主预估 CTR/CVR、出价多少、触发什么商品等。

在技术方面，不管是在召回还是排序，有大量的创新技术成果都是首先应用在广告领域，然后再推广到用户内容的搜索和推荐领域，如 DNN 在互联网中的大规模线上应用便是从广告开始的，阿里巴巴提出的一系列用户行为序列模型（DIN、DIEN、MIMN、SIM 等）也是基于广告业务提出的。

图 1-8 展示了广告推荐系统的整体流程，与内容推荐系统类似，广告推荐系统首先也是对广告和用户进行理解，然后根据用户分析的结果进行广告的召回和排序。与用户内容的搜索/推荐不同，广告的搜索/推荐涉及第三方，系统的推荐目标较为复杂。

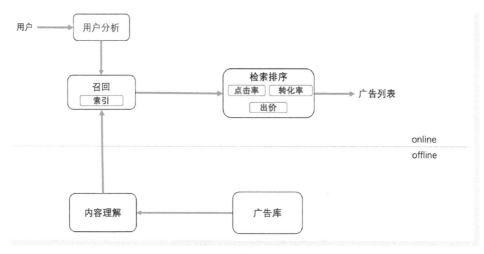

● 图 1-8 　推荐广告流程

图 1-9 展示了互联网广告系统的三个参与方及其诉求，广告主关心广告的 ROI，媒体关心广告平台的整体收入，用户追求质量体验。广告系统的产品技术设计对这三方的目标进行权衡。为了兼顾三方目标，广告的排序一般会综合考虑出价、点击率、转化率等因子，并对低质/低相关性广告进行硬门槛过滤或者加入惩罚项。

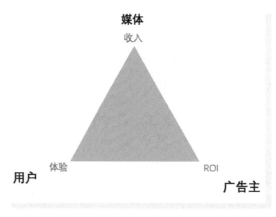

● 图 1-9 　广告系统目标

除了在排序目标上存在不同，在数据应用上，广告系统和用户内容也存在明显的差异。在用户内容的搜索或推荐中，一般只会使用平台自己积累的用户行为数据，而在广告系统中，还可以使用用户在广告主中的行为数据。如图 1-10 所示，可以根据用户在媒体侧、广告主侧行为数据的丰富程度，将用户分成四类。对于广告主拥有用户丰富行为的用户（如第一和第四象

限所示），广告主对于用户的理解更加深刻，可以由广告主进行出价和转化率预测，媒体进行
点击率预估；对于广告主侧行为数据稀少、媒体侧行为数据丰富的用户（如第二象限所示），
可以由媒体进行点击率、转化率预估和出价；对于广告主侧行为数据稀少、媒体侧行为数据也
稀少的用户（如第三象限所示），则需要媒体侧进行高效的冷启动。

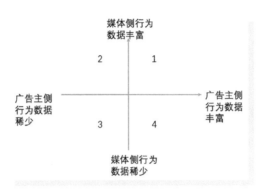

● 图 1-10　广告系统数据视角下的用户分类

▶▶ 1.2.4　通用检索流程

细心的读者可以发现，搜索、广告、推荐系统这三个业务的检索流程是非常相似的。
图 1-11 展示了一个检索系统的通用流程。

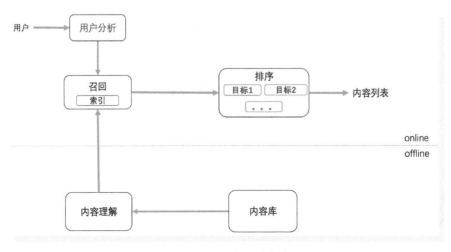

● 图 1-11　通用检索流程

一个有海量内容需要分发的系统，通常需要做到以下几点。

首先需要做的就是内容理解。内容的来源一般是通过抓取或者是用户主动上传而来。内容的形式有很多种，包括搜索结果的网页、推荐系统里的短视频、广告系统中的广告等，但是以内容的载体上来说，核心载体主要有文字、图片和视频三种。文字内容可以通过自然语言处理工具进行解析，图片和视频可以通过计算机视觉工具等进行理解。

其次是对用户进行理解。用户的理解主要包括基础的用户画像（如年龄、性别、地域、学历、婚姻状态、子女个数、收入水平等）和基于用户行为解析出的兴趣偏好（如是否是游戏爱好者、是否喜欢看美食视频等）。

最后是检索。因为线上性能的原因，检索被分成了召回和排序两个阶段，对于一些复杂业务排序，还要被分成粗排和精排两个子环节。召回往往用一些较简单的算法，从数百万乃至数亿的内容中挑选出上万个，然后排序系统用复杂的算法精挑细选出若干个，最终下发给用户。图 1-12 展示了一个通用的内容分发系统检索流程的各个环节和漏斗情况。

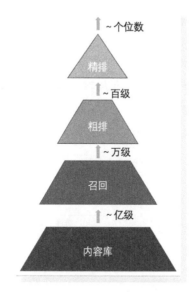

● 图 1-12　通用检索流程各个环节的漏斗

1.3　深度学习模型分类

从上一节可以看出，基于深度学习的模型已经在互联网的各大业务中全面开花，种类丰富多样。可以按照很多种维度对这些模型进行区分，按照处理的对象来分，可以分为处理文本的、处理图像的、处理用户行为数据的；按照模型使用的阶段来分，可以分成离线和在线的，如召回排序模型是在线实时作用的、内容理解的相关模型是离线作用的。

算法模型需要部署在业务的整体架构中才能发挥作用，因此也可以从工程架构的角度来对模型区分，以更好地理解算法如何与工程架构进行结合。这个划分的标准就是需不需要大规模的特征体系。

不需要大规模的特征体系模型主要是指自然语言处理和计算机视觉等对内容进行理解的模型（以下简称稠密模型），此类模型的输入是一串文本或者是一幅图像，特征是稠密的，以自然语言处理领域大名鼎鼎的 BERT（Bidirectional Encoder Representation from Transformer）模型为例，其输入为文本的每一个字，如图 1-13 所示。在图像处理模型中，输入是一个个的像素。

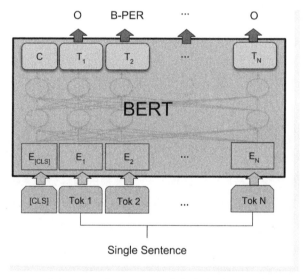

● 图 1-13　基于 BERT 的命名实体识别模型

需要大规模的特征体系的模型主要是指检索系统召回和排序阶段所用到的模型（以下简称高维稀疏模型），此类模型的输入是数十个乃至数百个特征组，特征是高维稀疏的。高维稀疏模型的效果和特征体系非常密切相关，因此往往需要一个大规模的特征体系才能发挥作用，业界的核心模型所用的特征规模可达千亿级别。图 1-14 展示了一个高维稀疏模型的示例。

稠密模型和高维稀疏模型都在实际的业务中发挥着重要作用。本书侧重为读者介绍高维稀疏模型，也就是业界常用的点击率和转化率预估等模型。

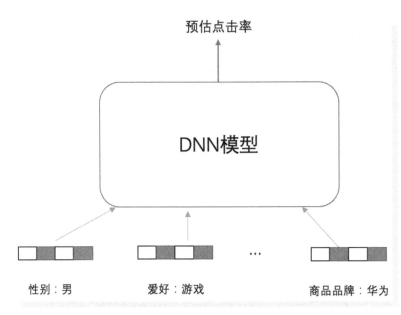

● 图 1-14　点击率预估模型示例

1.4　模型服务中台

　　不论是搜索、推荐系统还是广告，任何一个大规模的内容分发系统，其检索系统都用到了大量的基于深度学习的算法模型，并且这些模型往往需要在线实时发挥作用。因此，为了支持线上日益繁多、用途不一的模型并提高迭代效率，大型业务的算法服务日趋中台化。中台将数据、特征、模型训练、模型预测等模块进行封装，行成一个一体化的模型服务框架。算法工程师在中台的支持下，往往只需做少量的配置或者代码修改，就可以完成一个新模型的调研或者上线任务，极大地提高了算法迭代的效率。一个典型的在业务中使用的模型服务框架如图 1-15 所示。

　　当用户在前端（App 或者浏览器）中发起了一个请求后，该请求经过流量分发平台，发送至某个业务后台的线程/进程中进行处理。以广告业务为例，业务后台从数十万乃至数百万的候选广告中，利用各种各样的算法策略检索出最优的数条广告发送给前端进行展示。用户看到广告后，可能会触发一系列的后续动作，如点击、转化（激活/购买）等，日志系统会记录下用户的行为，以作为业务分析/模型训练之用。

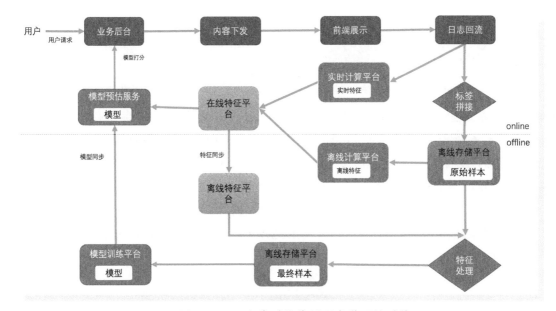

● 图 1-15　一个典型的使用深度学习的系统

其中算法相关的子系统主要有 4 个：

1）数据中台：实时收集用户的行为（曝光、点击、转化），并进行拼接，形成样本。用户的行为数据一方面传入实时特征处理模块进行实时特征抽取，另外一方面进行离线存储，作为模型训练的样本。

2）特征中台：特征中台提供了特征的抽取服务。点击率预估、转化率预估等高维稀疏模型都需要一个强大完备的特征体系，为了提高特征提取的效率和便于在多个模型之间共享特征，诞生了特征中台。从特征的实时性来分，特征中台主要包括实时特征和离线特征。实时特征主要指用户当前所处的地理位置、用户过去 30min 内的点击率等，这些特征往往附带在用户的请求中或者从实时的数据流中进行生成；离线特征主要包括用户性别、内容类别等，这些特征变化较为缓慢，往往每天才更新一次。

3）模型训练平台：模型训练平台主要功能是进行模型的训练。模型训练平台通常是分布式 CPU 集群，重要的业务会采用较为昂贵的 GPU 机器。数据中台拼接好的样本在进行特征抽取后，会送入模型训练平台进行训练。

4）模型预估服务平台：模型预估服务平台主要负责加载离线训练模型，并提供在线预测服务。模型训练平台将模型训练好之后，会推送到模型预估服务平台。当业务后台发起模型请求（如预估 CTR 或者浏览时长）时，模型预估服务根据模型配置加载相关特征进行模型预测，然后将预估值返回给业务后台。

1.5 分布式机器学习

对于一些大型的业务而言，每天需要处理海量的用户需求，积累的用户数据也是海量的，而单机远远不能处理如此海量的请求和数据，因此实际业务中使用的模型训练平台一般都是分布式的。

如图 1-16 所示，在一个分布式机器学习系统中，多个 CPU/GPU 机器会组织成一个集群进行模型训练。在训练时，每台机器会获取样本的一部分进行前向传播和反向传播，计算出梯度，集群中的一部分机器会收集各个机器传过来的梯度，并使用梯度对模型参数进行更新。在互联网核心业务中使用的模型，特征体系较为庞大、模型结构较为复杂，模型文件特别巨大（往往会达到几百 GB 甚至 TB 这个量级），所以模型的存储往往也是分布式的，存放在由若干台机器组成的分布式文件系统或者数据库中。

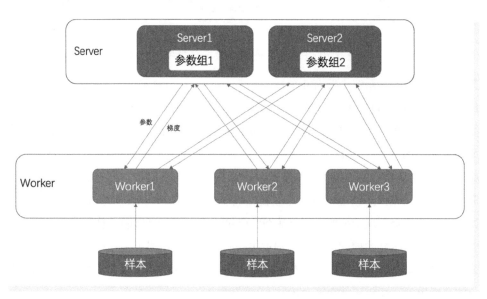

• 图 1-16　分布式机器学习训练系统示例

模型训练完成后，新版模型会被推送到线上的某个内存数据库中。大型的业务中，用户的访问量是海量的，对模型服务的调用也是非常频繁且时延要求很高的，因此在线上往往使用多台机器组成一个微服务集群，提供模型的预测服务，如图 1-17 所示。

在深度学习模型中，Embedding 词表往往规模较大，而且每次预估只会使用到其中的部分词表项，因此通常放在一个单独的缓存服务中。模型的网络结构参数规模较小，并且每次预估服务基本都需要全量使用，因此往往放置在每一台预估机器的内存中。

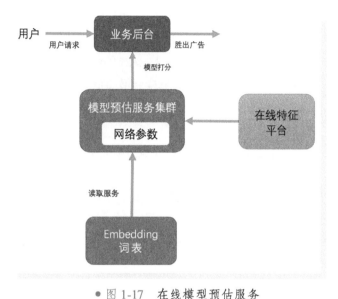

● 图 1-17　在线模型预估服务

1.6　深度学习软件框架

伴随着深度学习的大规模应用，一些深度学习软件框架也逐渐成熟起来，并获得了大规模应用，如 TensorFlow、PyTorch 等。互联网业务中的模型训练平台往往直接支持这些开源框架，算法工程师比较容易上手。在线预测模型服务这一侧，主流互联网公司的核心业务呈现出大容量、高并发的特点，对模型服务的性能（包括时延、存储、QPS）等指标要求较高，主流厂家往往倾向于使用C++定制一套模型在线预估服务框架，预估速度快，并且可以支持 TB 级别的模型。

上面所述的模型离线训练平台+在线模型预估平台功能强大，在各大互联网公司的主流业务中都得到了成功的运用。但是另外一方面，这套方案在带来强大性能的同时也带来了较高的复杂性，对于中小型业务并不友好，具体原因如下。

1）开发部署如上所述的一套完善的模型系统需要投入大量的人力物力，对于处于起步期的业务而言，并没有如此多的精力关注在这个方向。

2）对于中小型业务而言，复杂模型结构（如 Transformer）或者大容量模型（TB 级）的需求并不迫切。复杂的模型结构和大容量模型都需要海量的样本作为基础才能发挥出威力。对于中小业务，样本量较为稀疏，一个常见的深度神经网络即可满足现阶段需要，将资源投入在特征体系的完善上效果会更好。伴随着业务的进一步发展，模型框架可以再考虑支持复杂模型结构和大容量模型。

3）在线的模型预估服务单独部署在一个集群中，业务后台发送请求过去，模型预估服务接受请求、组织特征、进行预测、最后返回结果，整个流程存在一定的时延。对于一些时延要求特别高的业务，采用这种方式调用模型服务并不可取。另外，大型的业务往往包含若干个模型，如果在其中的某个模块中，串行增加一个模型预估模型，同样会增加整个链路的耗时，不可取。

4）高度的封装和复杂的系统设计不利于从业者理解学习其中的基本实现，影响对大型机器学习系统演进方向的把握。

基于上述因素，本文在介绍深度学习在互联网业务中的应用时，还介绍了如何开发一个简单的深度学习框架——PS-DNN，该框架的特点如下。

- 框架包括标签拼接、特征抽取、模型训练、模型预测等整套流程，详细展示了如何在实际的业务中落地一个模型。
- 介绍了通用的标签拼接和特征选择方法，支持 Bucket/Combine/Group/Hit 等常用特征抽取算子。
- 支持 DNN/DSSM 等业务中的主流模型，可以用于分类和回归任务。
- 支持分布式训练，可以用在具有海量样本的场景中。

通过对该框架的学习和使用，读者可以逐步深入理解深度学习的底层技术以及如何将深度学习在业务中落地。本书所展示的框架也可以直接用于搜索、广告、推荐业务的召回和排序等阶段。

PS-DNN 深度学习框架的地址为 https：//github.com/kangshantong/ps-dnn，代码目录结构如下。

- conf：特征抽取和模型训练参数。
- sample：样本处理和原始特征拼接。
- feature_extract：特征抽取。
- model：模型训练。

为了方便读者理解和使用 PS-DNN，代码库中以淘宝的广告点击率预估任务为例进行了示范。执行 run_taobao_ctr.sh 即可启动淘宝点击率预估模型的训练任务。

1.7 小结

本章主要介绍了深度学习在互联网业务中的应用，以及实际业务的检索系统中模型的工程框架。

读万卷书，也要行万里路。理论要联系实践，从实践中来，并反馈到实践，才能完成理论的升华。本书在具体介绍深度学习及其相关理论的同时，还会介绍如何开发一个可在互联网业务中直接应用的深度学习框架，将深度学习白盒化，以便读者更加深刻地理解深度学习的本质，更好地在实践中使用深度学习技术。

第2章

▶▶▶▶▶▶

深度学习简介

为什么深度学习可以在工业界得到广泛应用？相比于其他机器学习工具，深度学习有哪些特质？神经网络概念的提出已经有几十年了，为什么最近几年才得到了大规模应用？人工神经网络参考了生物神经网络，能达到生物神经网络的智能水平吗？本章将带着这些问题来为大家介绍生物神经网络以及人工神经网络的原理。

2.1 生物神经网络

深度神经网络（Deep Neural Network，DNN）是人工神经网络，人工神经网络参考了生物神经网络，以试图拥有生物的观察、推断、控制等能力，从而实现人工智能。那么，生物神经网络是怎么工作的？

生物神经网路由神经元、细胞、触点等组成，用于产生生物的意识，帮助生物进行思考和行动。生物神经网络中最重要的基础组成部分为神经元。神经元能感知环境的变化，再将信息传递给其他的神经元，并指令集体做出反应。神经元占了神经系统的一半，其他大部分由胶状细胞所构成，如图 2-1 所示，其基本构造由树突、轴突、髓鞘、细胞核组成。

神经元包括接收区（Receptive Zone）、触发区（Trigger Zone）、传导区（Conducting Zone）和输出区（Output Zone）。

- 接收区：树突到胞体的部分，可以产生阶梯性电位。所谓阶梯性是指树突接收（接收器）不同来源的突触，接收的来源越多，对胞体膜电位的影响越大，反之亦然。

- 触发区：在胞体内整合电位，决定是否产生神经冲动。位于轴突和胞体交接的地方，也就是轴丘（Axon Hillock）的部分。

- 传导区：为轴突的部分，当产生动作电位（Action Potential）时，传导区能遵守全有全无的定律来传导神经冲动。

- 输出区：神经冲动的目的就是要让神经末梢突触的神经传递物质或电力释出，这样才能影响下一个接收的细胞（神经元、肌肉细胞或是腺体细胞），这称为突触传递。

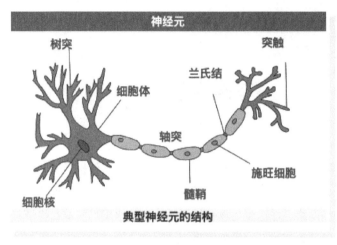

- 图 2-1　典型神经元结构

神经元之间传递形成电流，在其尾端为受体，借由化学物质（神经传递物质）传导（多巴胺、乙酰胆碱），适当的量传递后在两个突触间形成电流传导，从而完成神经元之间的连接。数量众多的神经元连接在一起，形成了生物神经网络，如图 2-2 所示。

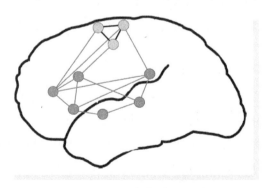

- 图 2-2　生物神经网络

通过上面的介绍，可以对生物神经网络这样进行抽象，即每个神经元都是一个小小的基本处理单元，每个神经元接收其他神经元传递过来的信号，经过自己的触发区进行处理，形成新的输出信号，然后发送给下一级神经单元。简单来说，神经元接收输入信号进行加工后输出，多层神经元连接在一起形成神经网络。

2.2 人工神经网络

上一节介绍了生物神经网络的抽象，仿照生物神经网络就可以构建人工神经网络了。与生物神经元相对应，首先建立人工神经元。生物神经元的主要功能是接收输入信号进行加工后输出，用数学抽象可以表示为将输入变量采用某种函数进行了处理，生成了输出。那么人工神经元可以按照图 2-3 所示建立。

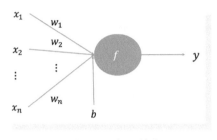

● 图 2-3　人工神经元

其中，$x_1 \sim x_n$ 为输入向量的各个分量，$w_1 \sim w_n$ 为神经元各个突触的权值，b 为偏置，f 为激活函数，y 为神经元输出。

用数学公式来描述，人工神经元的主要功能如下。

$$y = f(wx + b)$$

不难看出，人工神经元和生物神经元非常类似，它们接收上级神经元传递进来的信号，经过激活后，产生输出信号，传递给下级神经元。这里最为关键的就是激活函数 f，激活函数对应了生物神经元中最核心的触发区。

同样的道理，人工神经网络也和生物神经网络类似，由多层人工神经元组成。多层的人工神经网络即为深度神经网络（Deep Neural Network，DNN），图 2-4 是一个全连接 DNN 的示例。

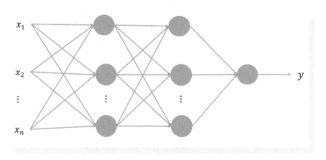

● 图 2-4　全连接深度神经网络

虽然人工神经网络和生物神经网络非常相似，但是生物的大脑可以做很多复杂的推理，而且还可以产生喜怒哀乐等多种情感，而人工神经网络却仍不具备这样的能力，这是为什么呢？

首先，在理论上，关于生命科学仍然有两个根本性的问题尚未解决。一是如何合成生命，科学家已经可以用无机物合成尿素以及其他有机物，但是关于如何用基础的碳氮氧等分子合成细胞，仍然毫无头绪；二是物质如何产生意识，这是个更为宏大的问题，什么是意识，什么样的物质可以产生意识，意识产生的过程中物质是如何作用的，这些核心问题仍然无法回答。

其次，一个可能的原因或许是组成人工神经网络的神经元还不够多。人类的大脑约有 860 亿个神经元，每个神经元至少与其他 1 万个以上的神经元相互连接，这样算下来大概有 1000 万亿的参数量，而目前 NLP 领域最大的模型之一——GPT3，才有 1700 亿的参数。鉴于网络训练的计算量基本与参数量呈现正相关关系，或许只有量子计算机实现后，人类才会有能力实现类似人脑的巨大复杂的网络。

最后，在微观上，人们关于神经元的基本工作流程已经有了一些了解，但是每个神经元是如何对输入信号进行处理的，各个神经元之间的处理方式是否有所不同，神经元如何通过反馈更新自己从而让人类可以学习，这些问题同样处于未知状态。

2.3　业务问题建模

虽然人工神经网络在功能上比起人脑相差甚远，但是在数量众多的领域里，人工神经网络仍然发挥了非常重要的作用，这是什么原因呢？下面以常见的商品推荐系统为例，来解释一下这个问题。

当一个客户登录购物网站或者 App 时，经常可以看到如图 2-5 所示的栏位，这些栏位用来推荐给用户可能感兴趣的商品。

● 图 2-5　购物网站推荐栏位示例

商品库里有数千万甚至上亿的商品，怎么确定用户喜欢哪一款呢？聪明的读者肯定可以立即想到，通常男性喜欢 3C 数码产品，女性喜欢服装和化妆品，因此可以按照性别推荐，对男性推荐 3C 数码，对女性推荐服装和化妆品。这是一个很好的思路，推荐系统策略可以这么写：

```
If 用户 is 男性：
    推荐 3C 数码产品
Else：
    推荐服装和化妆品
```

除了性别，年龄也会影响用户的购物兴趣。孩子喜欢玩具和游戏，年轻的男性可能喜欢 3C 数码产品，年长的男性更加偏好鱼竿；年轻的女性喜欢连衣裙，年长的女性可能更加偏好休闲款。考虑到年龄和性别影响后，推荐系统策略可以改成：

```
If 用户 is 孩子：
    推荐玩具和游戏
If 用户 is 男性：
    If 用户 is 年轻男性：
        推荐 3C 数码
    Else：
        推荐鱼竿
Else：
    If 用户 is 年轻女性：
        推荐连衣裙
    Else：
        推荐休闲款中老年衣服。
```

通过类似的方法，可以把影响用户购物兴趣的因素考虑进去，统计分析每一个维度下用户群喜欢什么商品，然后推荐给用户对应的商品。除了性别和年龄外，其他影响用户购买商品的因素还有：地域，四川人可能想买辣椒，山东人可能想买大葱；天气，冬天需要买羽绒服，夏天只需要买短袖；有没有孩子，有孩子的人可能想买奶粉和尿不湿……这样列下去，可以一直列出几百上千项。显然，实际业务中不可能针对如此多的影响因素进行拆分，一条条写出推荐策略，因为数量级可能会达到上千万条。

总结来说，影响用户是否购买某种商品的因素有很多，每个因素都会对用户的商品偏好起到一些作用，无法穷尽所有的因素来编写推荐系统策略。众所周知，一切问题都可以抽象为数学问题，那么对于商品推荐业务而言，是否可以拟合出一个推荐策略函数呢？这个函数的输入是影响用户购物的各种因素（性别、年龄、地域、商品的种类、价格等），输出是用户对某个给定商品的喜好程度。该函数可以表示为如下形式。

$$y = f(x_1, x_2, \cdots, x_n)$$

其中，$x_1 \sim x_n$ 为影响用户购物的各个因素，包括用户和商品的相关特征（如用户性别、商品类目）等，向量表示为 x；f 为拟合函数；y 为用户对商品的喜好程度，取值范围为【0，1】，0 表示不喜欢，1 表示喜欢。

如果能找到这样一个函数 f，那么当一个用户到来之后，只需调用函数 f，就可以找到用户此次最想购买的商品，推荐给用户，从而提升用户的使用体验。不过影响 f 取值的自变量实在是太多了，而且这些因素有些是离散的（如性别）、有些是连续的（如收入），每个特征和用户喜好度之间的关系也不尽相同，这导致很难从常见的函数形式（如多项式函数、指数函数）中找到一种函数形式来拟合 f。

那么有没有办法来解决这整个问题呢？答案是确定的，那就是 DNN。

2.4 DNN 的拟合能力

近年来深度学习之所以在工业界迅速取得了大规模应用，原因主要有两点：一是深度神经网络可以很好地拟合任意函数；二是互联网的迅速发展带来了海量的数据，可以对深度神经网络进行充分的训练。

关于深度学习的函数拟合能力，一个直观的解释如图 2-6 和图 2-7 所示，1 个神经元可拟合与或非 3 种逻辑门，3 个感知机组成的单层神经网可以拟合异或运算。而任意一个函数都可以用足够数量的逻辑门进行拟合，因此，理论上只要神经元数量足够多，网络层数足够深，深度神经网络就可拟合任意函数。

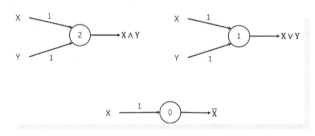

● 图 2-6　单个神经元实现与或非逻辑门

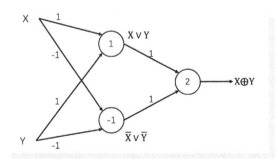

● 图 2-7　一个单层 DNN 实现异或门

另外一个较为理论的解释是：
- 任何函数：可以用"分段"线性函数来逼近。
- 激活函数：让线性的神经网络具备了"分段"表达的能力。

因此深度神经网络可以拟合任意函数。

图 2-8 展示了如何使用分段函数拟合一个普通函数，只要分段足够多、足够细，就可以以任意精度拟合该普通函数。

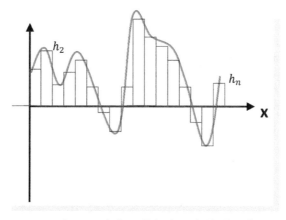

● 图 2-8　分段函数拟合一个普通函数

深度神经网络有如此强大的函数拟合能力，对于上文提到的用户商品偏好函数 f，显然可以用深度神经网络来拟合。

但是同时还要看到，虽然理论上深度神经网络可以拟合任意函数，但实际应用中，深度神经网络也不是万能的，仍然有很多的限制条件，如需要大量的数据、精心设计的网络结构、精巧的优化器和超参数设置等。

2.5　DNN 的学习方式

DNN 可以拟合用户商品偏好函数 f，拟合的精度由 DNN 模型的参数决定。模型的参数一般通过学习得来。模型的学习方式分为有监督学习、无监督学习和强化学习三种类型，如图 2-9 所示。

- 监督学习（Supervised Learning），又叫有监督学习、监督式学习，可以从带标签的训练样本中学到一个模式。训练样本由特征和标签（如是否发生了点击行为）所组成。模型的输出可以是一个连续的值（称为回归分析），或是预测一个分类标签（称作分类）。实际业务中，CTR/CVR 预估通常采用有监督学习方法训练。

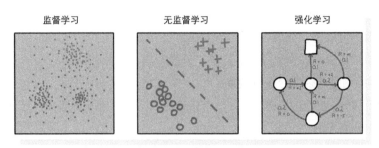

监督学习　　　　无监督学习　　　　强化学习

● 图 2-9　机器学习分类

- 无监督学习（Unsupervised Learning）的训练样本中没有标签，可以自动对输入的样本进行分类或分群，学习样本中隐藏的模式。实际业务中，无监督学习的典型应用是生成词向量，如 Word2Vec、Bert 模型。

- 强化学习（ReinforcementLearning，RL）强调如何基于环境而行动，以取得最大化的预期利益。在实际业务中，强化学习可以用于帮助广告主进行调价。

严格来说，强化学习和有监督学习/无监督学习并不是一个维度上的分类。有监督学习/无监督学习是指怎么从给定的一个数据集合中学习，数据集合是静态的，模型学习过程也是静态的、一次性的；而强化学习的核心思想是反馈调节，模型根据实际反馈不断迭代优化，是一个动态的学习过程，从这个维度上讲，现在业界核心模型标配的实时训练（Online Learning）也是强化学习的思路。

无论是有监督学习、无监督学习还是强化学习，其中的模型结构都可以是基于 DNN 构建的。其中，有监督学习在实际业务中的应用最为广泛，本书将会重点介绍有监督学习中 DNN 的训练。

如图 2-10 所示，在有监督学习中，DNN 模型从样本中学习，样本包括特征向量和标签。学习的目标是不断减小损失函数的值，损失函数的输入为样本标签和模型标签，如在一个预测用户购买金额的模型中，损失函数可以是用户实际购买金额和模型预测购买金额的均方误差。

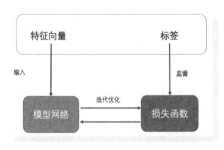

● 图 2-10　有监督学习训练过程

学习的过程一般为：读取一批样本；使用 DNN 模型得到预测标签；根据实际标签和预测标签得到损失值；基于损失值进行反向传播，计算梯度；基于指定的优化器，使用梯度优化模型参数。

后续的章节将会详细介绍实际业务中 DNN 模型训练的过程。

2.6 CNN 与 RNN

深度学习发展至今，已经形成了一个巨大的网络结构家族。除了常见的全连接神经网络，基本的深度学习网络构型还包括卷积神经网络（Convolutional Neural Network，CNN）和循环神经网络（Recurrent Neural Network，RNN）。

CNN 是一种前馈神经网络。如图 2-11 所示，CNN 由一个或多个卷积层和顶端的全连接层组成，同时也包括关联权重和池化层（Pooling Layer）。这一结构使得卷积神经网络能够利用输入数据的二维结构。与其他深度学习结构相比，卷积神经网络在图像和语音识别方面能够给出更好的结果。这一模型也可以使用反向传播算法进行训练。相比较其他深度前馈神经网络（Feedforward Neural Network，FNN），卷积神经网络需要的参数更少，使之成为一种颇具吸引力的深度学习结构。

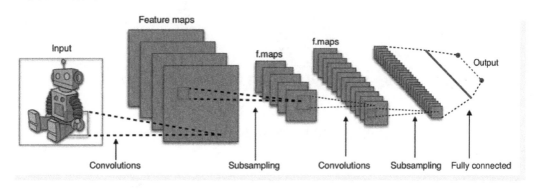

● 图 2-11　卷积神经网络示例

相比于 DNN，CNN 中多了两个重要的层：卷积层和池化层。卷积层是一组平行的特征图（Feature Map），它通过在输入图像上滑动不同的卷积核并运行一定的运算而组成。此外，在每一个滑动的位置上，卷积核与输入图像之间会运行一个元素对应乘积并求和的运算以将感受野内的信息投影到特征图中的一个元素。这一滑动的过程可称为步幅，步幅是控制输出特征图尺寸的一个重要因素。卷积核的尺寸要比输入图像小得多，且重叠或平行地作用于输入图像中，一张特征图中的所有元素都是通过一个卷积核计算得出的，也即一张特征图共享了相同的权重和偏置项。

池化（Pooling）是卷积神经网络中另一个重要的概念，它实际上是一种非线性形式的降采样。有多种不同形式的非线性池化函数，而其中"最大池化（Max Pooling）"是最为常见的。它是将输入的图像划分为若干个矩形区域，对每个子区域输出最大值。直觉上，这种机制能够有效的原因在于，一个特征的精确位置远不及它相对于其他特征的粗略位置重要。池化层会不断地减小数据的空间大小，因此参数的数量和计算量也会下降，这在一定程度上也控制了过拟合。通常来说，CNN 的网络结构中的卷积层之间都会周期性地插入池化层。池化操作提供了另一种形式的平移不变性。因为卷积核是一种特征发现器，通过卷积层可以很容易地发现图像中的各种边缘。但是卷积层发现的特征往往过于精确，即使高速连续拍摄一个物体，照片中的物体的边缘像素位置也不大可能完全一致，通过池化层可以降低卷积层对边缘的敏感性。池化层每次在一个池化窗口（Depth Slice）上计算输出，然后根据步幅移动池化窗口。图 2-12 展示了目前最常用的池化层，这是一个步幅为 2、池化窗口为 2×2 的二维最大池化层。每隔 2 个元素从图像划分出 2×2 的区块，然后对每个区块中的 4 个数取最大值，这种池化方式将会减少 75% 的数据量。

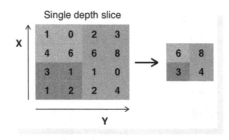

● 图 2-12　步幅为 2、池化窗口为 2×2 的最大池化层

RNN 是一类以序列（Sequence）数据为输入，在序列的演进方向进行递归（Recursion）且所有节点（循环单元）按链式连接的递归神经网络（Recursive Neural Network）。图 2-13 展示了典型的循环神经网络结构。

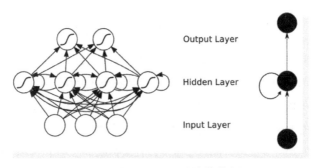

● 图 2-13　RNN 网络结构图

在 DNN 或 CNN 网络中，每一层的输入仅限于前一层的输出，每一层的输出只向上一层传播，同一层内的各个神经元相互独立，因此又称为前向反馈神经网络。而在 RNN 中，i 时刻第 m 层第 j 个神经元的输入不仅包括 i 时刻第 $m-1$ 层的输入，还包括 i 时刻 m 层 $0 \sim i-1$ 神经元的输入以及 $i-1$ 时刻 m 层第 j 个神经元的输入。这种独特的设计，使得 RNN 特别适合建模序列问题，因此在语言翻译、语音识别等场景中得到了广泛应用。

但是与此同时，RNN 的这种设计也表现出了一些明显的缺点。它一方面导致信息出现了长距离依赖，如 m 层第 i 个神经元依赖 m 层第 0 个神经元的输入，另外一方面导致梯度不仅要沿着网络层传递，还要沿着时间轴传递，加剧了梯度消失问题。为了解决这种问题，RNN 层中的神经元一般都采用特殊设计。目前常用的 RNN 神经元为 LSTM 和 GRU。

LSTM（Long Short-Term Memory networks，长短期记忆网络）是最早被提出的 RNN 门控算法。如图 2-14 所示，LSTM 单元包含 3 个门控：输入门、遗忘门和输出门。相对于 RNN 对系统状态建立的递归计算，3 个门控对 LSTM 单元的内部状态建立了自循环（Self-Loop）。具体地，输入门决定当前时间步的输入和前一个时间步的系统状态对内部状态的更新；遗忘门决定前一个时间步内部状态对当前时间步内部状态的更新；输出门决定内部状态对系统状态的更新。

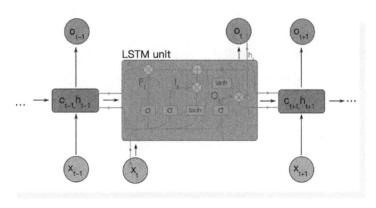

● 图 2-14　LSTM 神经元

由于 LSTM 中 3 个门控对提升其学习能力的贡献不同，因此略去贡献小的门控和其对应的权重，可以简化神经网络结构并提升其学习效率。GRU（Gated Recurrent Unit networks，门控循环单元网络）即是根据以上观念提出的算法，如图 2-15 所示，其对应的循环单元仅包含 2 个门控：更新门和复位门，其中复位门的功能与 LSTM 单元的输入门相近，更新门则同时实现了遗忘门和输出门的功能。

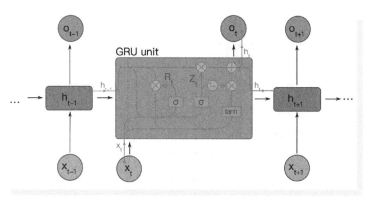

● 图 2-15　GRU 神经元

2.7　小结

本章主要介绍了深度学习的理论知识，包括人工神经网路如何从生物神经网络演化而来，深度神经网络强大的函数拟合能力，业务问题建模，以及 DNN 的两个基本变种——CNN 和 RNN。

值得注意的是，DNN 的函数拟合能力并不是万能的，在实际的业务中并不是上线了 DNN 模型就万事大吉。如果要深度学习发挥作用，还需要在样本、特征体系、模型结构、loss 函数、优化器、时效性等方面进行精心的设计。也正是因为如此，业界涌现出了关于深度学习各个方面的创新，如何进行样本选取、如何设计特征体系、如何设计网络结构以发挥行为序列特征的威力等。

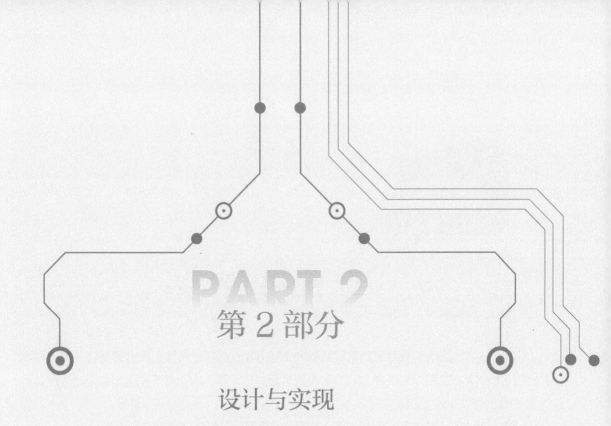

PART 2

第 2 部分

设计与实现

第一部分介绍了 DNN 的一些理论知识。接下来看一看 DNN 模型在具体的业务中是如何实现的。

由于每家公司的业务发展阶段不同、算法基础建设能力不同，所以在业界可以看到百花齐放的模型应用方案，但是正所谓万变不离其宗，对于一个高维稀疏模型来说，其主流程基本上都是一样的，包括标签拼接、特征处理、模型训练和在线预测 4 个子流程。

本部分将分别介绍这 4 个子流程在业界是如何设计以及如何实现的。为了更加方便读者进行理解，本文引入了淘宝的广告点击率预估任务进行示例分析。

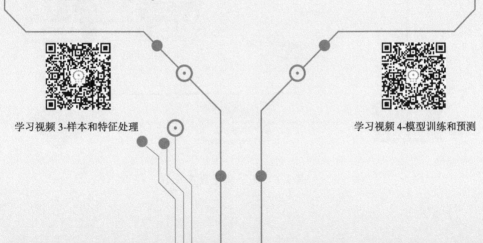

学习视频 3-样本和特征处理   学习视频 4-模型训练和预测

第3章

标 签 拼 接

俗话说，高端的食材往往只需要很简单的烹饪方法。如果把模型上线比做烹饪，那么样本和特征就是这场烹饪的食材。样本和特征决定了模型的上限，因此对于样本和特征的处理是至关重要的。

一个深度学习系统的工作流程如图 3-1 所示，模型的上线包括 4 个主要步骤：

1）标签拼接：确认样本的标签。一条样本曝光以后，点击或者是转化行为往往会延迟一段时间才发生；另外，曝光数据流和点击数据流是两个数据流。所以需要将用户的曝光、点击、转化等行为拼接在一起，确定最终的标签，如未点击未转化、点击未转化、点击并转化等。

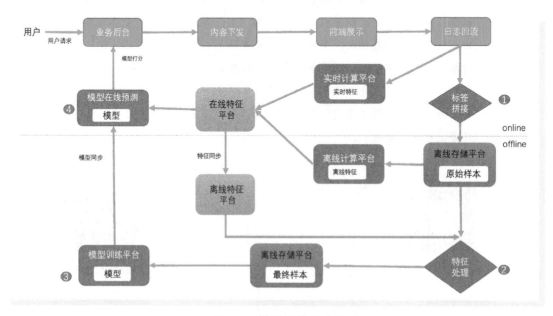

● 图 3-1　模型训练服务流程

2）特征处理：提取建模所需的特征，如用户的年龄、当前的时刻、item（广告/商品/短视频等）过去一段时间的点击率等。

3）模型训练：在单机或者分布式的 CPU/GPU 平台上进行模型训练，生成模型并同步到线上的模型预估服务模块。

4）在线预测：加载模型，当一个用户请求到来时，将候选 item 的相关特征和用户特征、上下文特征等送入模型的在线服务模块进行打分。

标签拼接是模型上线的第一步，模型的样本一般来自用户的行为日志。以商品推荐系统的点击率模型为例，如果一个用户对曝光出的商品进行了点击，则为正样本；如果用户对曝光出的商品未点击，则为负样本。但是点击行为在曝光行为之后发生，所以需要将点击行为和对应的曝光行为拼接在一起。如果不进行拼接，直接将曝光和点击行为送进模型，会使样本中混入错误，样本实际上是个点击样本，但是因为点击行为尚未回流，模型中标记成了曝光未点击样本。

3.1 时间窗口

滑动时间窗口是进行标签拼接的简单方法，也是业内主流的方法。图 3-2 展示了基于滑动时间窗口的行为拼接方法。

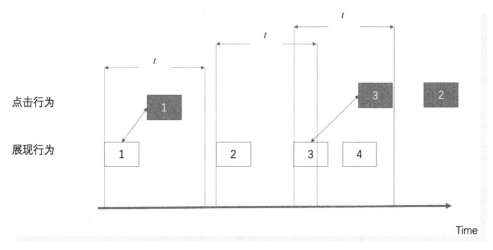

● 图 3-2　基于滑动时间窗口的行为拼接

以展现和点击的行为拼接为例，点击行为的延迟在分钟级别。线上可以在样本实时回流时设置一个等待时间窗口，如 10min。如果 10min 内，一个曝光行为对应的点击行为没有到来，则标记为展现未点击样本，否则标记为展现有点击样本。

之所以要设置一个时间窗口，是因为目前主流的业务中，模型为了快速适应新流量、新item，在这些场景上预估得更加准确，所以需要将新样本快速放入模型中进行学习并更新到线上。时间窗口设置得太大，则模型的时效性会受到影响；时间窗口设置得太小，则标签拼接的准确率会受到影响，从而影响模型预估的准确性。因此需要根据点击行为的延迟时间分布，科学设置时间窗口的大小。

值得注意的是，很多场景下因为产品的设计而存在无效展现、无效点击等行为，在样本处理时需要格外小心。算法工程师要密切注意每一种行为的定义和数据收集流程，以防止样本出现污染和丢失。

3.2 延迟反馈

除了点击率模型，推荐系统另外一个至关重要的模型是 CVR 模型，也就是转化率预估模型。相比于点击率预估模型，转化率预估模型面临两个固有的难题：一是转化的样本非常稀疏，远少于点击样本；二是转化样本存在延迟问题，转化样本有可能在几天之后到来。对于样本稀疏问题，多通过迁移学习（embedding 词表使用 CTR 模型预训练）或者多目标联合训练（CTR/CVR 联合训练，如 ESSM 和 PLE）解决。稀疏问题的解决方案后续会详细介绍，此处介绍一下延迟问题的解决思路。

举例来说明转化延迟问题。在电商业务中，用户对某件物品进行了加入购物车操作，但是很可能几天后才会在大促销或者一系列相关物品都加入购物车后下单购买。

图 3-3 展示了广告转化的累积分布随着时间的变化趋势，35% 的转化发生在点击后的 1 个h 内，50% 发生在 24h 后，13% 发生在两周后。

如果采用类似于点击模型样本拼接的时间窗口办法来对转化样本进行拼接，则有如下问题：时间窗口太短，将会导致模型中出现假负样本。因为转化行为还没发生，对应的曝光或者点击行为会被认为没有发生转化，这一方面导致了转化模型的正样本更加稀疏，另一方面导致对 CVR 的低估；时间窗口太长，会影响模型更新的时效性，不管是广告系统还是推荐系统，每天都有大量的新广告和新 item 上线，提高模型的实时性，及时将这些新广告或者新 item 的样本送入模型，可以极大地提高模型这些广告或者 item 上的预估准确性。

对于延迟反馈问题，可以按照图 3-4 进行建模。Waiting 表示等待时间，也就是样本生成时间；Attribution 表示最终归因时间。在等待时间窗口（Waiting Window）之内，如果一个点击产生了转化，则为真正样本；如果转化延迟超过了等待时间窗口，而又在归因窗口之内，则为假负样本；如果在归因窗口之内，转化行为都没有发生，则为真负样本。

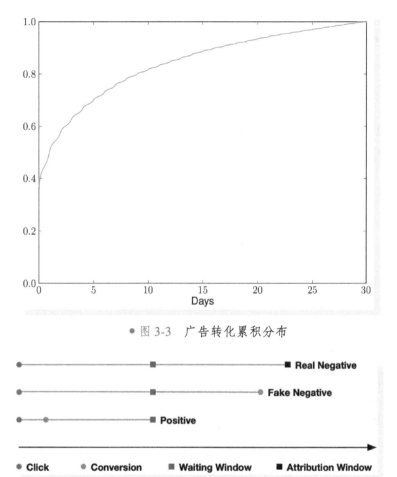

● 图 3-3　广告转化累积分布

● 图 3-4　延迟反馈问题建模

　　目前业内解决延迟反馈的方法可以分为两大类：对延迟时间建模和重要性采样。

　　DFM（Modeling Delayed Feedback in Display Advertising）是解决延迟反馈问题的早期研究之一，该方法提出的延迟反馈模型通过预估 CVR 和延迟时间分布的联合概率进行优化。延迟反馈问题与生存时间分析有关。延迟反馈模型（DFM）假定了转化时间呈指数分布，并在此基础上提出了两个模型：一个模型关注 CVR 预测，另一个模型关注转化延迟预测。DFM 提出的反馈和转化时间呈指数分布的假设在很多时候并不成立，NPDFM（*A Nonparametric Delayed Feedback Model for Conversion Rate Prediction*）以 DFM 模型为基础，进一步提出了非参数延迟反馈模型，在没有任何参数假设的情况下对延迟时间使用模型进行了建模。

重要性采样方法通过能观察到的有转化延迟的有偏分布来拟合无法被观察到的无转化延迟的真实分布。重要性采样的方法包括 FNW、FSIW 和 DEFER 等。

1）FNW（Fake Negative Weighted）提出直接将展现或者点击样本标记为未转化样本，然后在真正的转化行为到来时进行校正。因此转化的延迟可能比较久，在转化行为到来之前，模型已经对大量的假负例进行了学习，从而严重影响模型预测的准确性。

2）FSIW（Feedback Shift Importance Weighting）对 FNW 进行了改进，它采用了时间窗口方法，在一定的时间间隔内发生了转化则标记为正样本，否则标记为负样本。因为转化可能延迟时间较长，该方法可能丢掉很多正样本。

3）DEFER（DElayed FEedback modeling with Real negatives）在对加负样本进行加权的同时，对于真负样本也进行了加权，以保持分布的一致性。图 3-5 展示了 DEFER 如何对样本进行加权。图 3-5a 表示的传统方法，假的负例在转化发生后又会复制一份，作为正例输入到模型中，图 3-5b 中 DEFER 会复制真实负例和正例，从而保证样本分布一致。

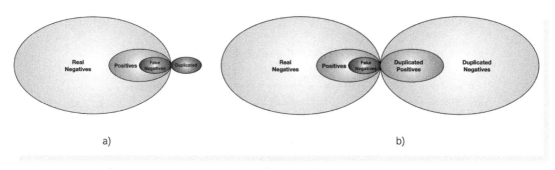

● 图 3-5 重要性采样的两种方法

3.3 样本集介绍

为了便于读者更加直观地了解深度学习在业务中上线的全流程，本书引入了淘宝点击率预估任务进行示例。本次示例所选取的数据集合为淘宝网站的广告展示/点击记录抽样，一个由阿里巴巴提供的淘宝展示广告点击率预估数据集（详见 https://tianchi.aliyun.com/dataset/dataDetail? dataId=56），该数据集已经预先完成了标签拼接。数据集中总共包括 5 月 6 日~13 日共 8 天的数据，其中 5 月 6 日~12 日 7 天的数据作为训练数据，5 月 13 日的数据作为测试数据，基准 AUC 为 0.622。

该数据集包括四部分内容，如表 3-1 所示。

表 3-1　淘宝广告点击率预估数据集介绍

数据名称	说　明	属　性
raw_sample	原始的样本骨架	用户 ID，广告 ID，时间，资源位，是否点击
ad_feature	广告的基本信息	广告 ID，广告计划 ID，类目 ID，品牌 ID
user_profile	用户的基本信息	用户 ID，年龄层，性别等
raw_behavior_log	用户的行为日志	用户 ID，行为类型，时间，商品类目 ID，品牌 ID

▶▶ 3.3.1　原始样本

从淘宝网站中随机抽样了 114 万用户 8 天内的广告展示/点击日志（2600 万条记录），构成原始的样本文件——raw_sample。

字段说明如下：

- user_id：脱敏过的用户 ID。
- adgroup_id：脱敏过的广告单元 ID。
- time_stamp：时间戳。
- pid：资源位。
- noclk：为 1 代表没有点击；为 0 代表点击。
- clk：为 0 代表没有点击；为 1 代表点击。

▶▶ 3.3.2　广告基本信息表

文件 ad_feature 涵盖了 raw_sample 中全部广告的基本信息。字段说明如下。

- adgroup_id：脱敏过的广告 ID。
- cate_id：脱敏过的商品类目 ID。
- campaign_id：脱敏过的广告计划 ID。
- customer_id：脱敏过的广告主 ID。
- brand：脱敏过的品牌 ID。
- price：商品（宝贝）的价格。

其中一个广告 ID 对应一个商品（宝贝），一个宝贝属于一个类目，一个宝贝属于一个品牌。

▶▶ 3.3.3 用户基本信息表

文件 user_profile 涵盖了 raw_sample 中全部用户的基本信息。字段说明如下。

- userid：脱敏过的用户 ID。
- cms_segid：微群 ID。
- cms_group_id：cms_group_id。
- final_gender_code：性别，1 表示男，2 表示女。
- age_level：年龄层次。
- pvalue_level：消费档次，1 表示低档，2 表示中档，3 表示高档。
- shopping_level：购物深度，1 表示浅层用户，2 表示中度用户，3 表示深度用户。
- occupation：是否为大学生，1 表示是，0 表示否。
- new_user_class_level：城市层级。

▶▶ 3.3.4 用户的行为日志

文件 raw_behavior_log 涵盖了 raw_sample 中全部用户 22 天内的购物行为（共七亿条记录）。字段说明如下。

- user：脱敏过的用户 ID。
- time_stamp：时间戳。
- btag：行为类型，包括浏览、加入购物车、喜欢和购买 4 种，见表 3-2。

表 3-2　淘宝数据集用户行为类型

类　　型	说　　明
ipv	浏览
cart	加入购物车
fav	喜欢
buy	购买

- cate：脱敏过的商品类目。
- brand：脱敏过的品牌词。

3.4 小结

样本生成是模型工作的第一步，本章介绍了如何对样本进行标签拼接，尤其是在转化率预估这种延迟时间较长的场景下如何解决该问题。

值得注意的是，在某些模型中，除了使用用户的行为日志作为样本外，还要"无中生有"一些样本进行补充。典型的场景为召回阶段所用到的模型，因为召回面临的 item 是全量集合，并且召回 item 大多数都没有被展现，所以需要补充样本。在后面的章节会进一步介绍补充样本的原因和方法。

除此之外，本章还介绍了淘宝广告点击率预估数据集，后面将使用该数据集结合深度学习框架 PS-DNN 来协助读者理解业务中模型上线的全流程。

特 征 处 理

▶▶▶▶▶▶▶

一个实时完备的特征体系对于模型是至关重要的。对于算法工程师来说，日常的工作中相当多的时间都是在做特征工程。为了更好地建设并应用特征体系，大型的互联网公司通常会建设一个特征中台，将特征体系的建设和模型的迭代解耦，从而提升模型迭代效率。特征中台具体负责特征的制作、离线与在线特征的同步、为模型在线预测提供实时的特征抽取服务、为模型的训练提供离线的特征抽取服务等。

如图 4-1 所示，在样本的标签拼接阶段完成之后，接下来就是第二步特征处理阶段。

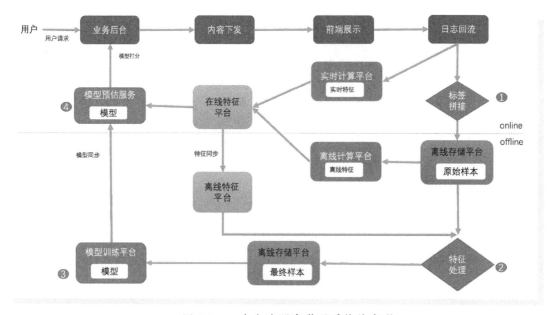

● 图 4-1　一个主流深度学习系统的实现

特征处理包括三个环节（见图 4-2）：首先是进行原始特征拼接，如将特征（年龄：28）拼接到样本上；然后使用算子对原始特征进行处理，实现具体的特征抽取，如将年龄按照 10 岁间隔进行分桶，原始特征"年龄：28 岁"将先变成"年龄分桶：2"；最后进行 ID 化，变为一个 ID，如 9527。

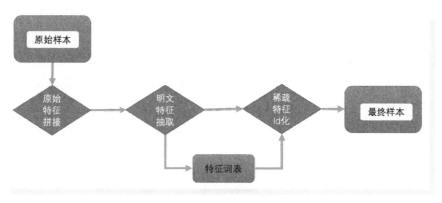

● 图 4-2　特征处理流程

本章首先介绍特征分类以及业务中常用的特征体系，然后分别介绍特征处理流程的各个环节。

4.1 特征分类

特征按照类型来分，包括 dense 和 sparse 特征。

dense 特征即为稠密特征，其取值多为 int 或者 float 类型，如设备价格/用户收入。稠密特征是有序的，不同的稠密特征值之间可以进行大小的比较，如 A 设备价格 1000 元，B 设备价格 20000 元，那么 B 比 A 更加贵重。在实际使用时，对于 dense 特征有两种使用方法：一种是作为 dense 特征使用，如果 dense 特征值之间的方差较大，则可以先做取对数或者开方等处理后再输入模型；另一种是特征离散化，如将商品价格分为【0~20】【20~50】【50~100】等 15 个桶，然后将商品价格映射到对应的桶中，将桶号作为 sparse 特征输入模型。假设商品价格为 89，则落入桶 2（从 0 开始编号）中，"2"即商品价格的特征值。

sparse 特征即为稀疏特征，其取值离散，多为 string 类型，如性别，取值范围为"男""女"，稀疏特征之间不能比较大小。对于 sparse 特征亦有两种方法：一种是为 sparse 特征的每一个特征值分配一个分布式表示，然后将该分布式表示作为模型的输入，分布式表示将会和模型的网络参数一起更新，这种方法称之为 embedding。如对时间特征，将一天的时间分为 24 个小时，然后生成 24 个对应的分布式表示，如果一个样本对应的小时特征为 12，则将"小时－

12"对应的分布式表示取出，放入模型，在模型进行反向传播时，同时对"小时-12"对应的分布式表示进行更新；另外一种方式比较特殊，即稀疏特征稠密化，如对于时间特征，前面分成 24 段的处理方式会导致模型预测时在小时的交替时刻（如从中午 12 点到下午 1 点时）时间特征的取值从 12 变为 13，对应的分布式表示也发生了较大变化，往往会造成模型的预估分布发生比较剧烈的抖动。可以将一天的时间映射到一个二维平面上，即以 (0, 0) 为圆心、半径为 1 的圆周上，将对应的坐标值 (x, y) 作为 dense 特征输入模型中，这样做可以在一定程度上缓解上述模型预估分布的剧烈抖动问题。

除了按照特征类型，还可以按照特征的时效性分为实时特征和离线特征：实时特征是指变化特别迅速的特征，如最近 30 分钟内浏览的视频个数；离线特征主要指变化比较缓慢的特征，如用户的性别、长期偏好等。图 4-3 展示了特征中台建设的工程框架，实时特征采用实时数据流进行更新，离线特征采用离线数据流进行更新。

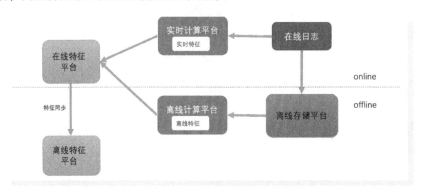

● 图 4-3 特征中台建设工程框架

4.2 特征体系

业务中常用的特征基本都形成了一套比较完备的、分层的特征体系。以商品点击率预估模型为例，常用的特征见表 4-1。

表 4-1 商品推荐系统常用特征（部分）

特 征 分 类	特 征 组	特 征 名	特 征 类 型
用户特征	id	userid	sparse
	人口属性	性别	sparse
		年龄	sparse
		常住地	sparse

（续）

特 征 分 类	特 征 组	特 征 名	特 征 类 型
用户特征	用户画像	是否已婚	sparse
		是否有娃	sparse
		是否有车	sparse
		是否有房	sparse
		学历	sparse
		收入	dense/sparse
	用户长期行为特征	用户 30 天内点击商品列表	sparse
		用户 30 天内加购物车商品列表	sparse
		用户 30 天内购买商品列表	sparse
	用户短期行为特征	用户上一次点击商品类目	sparse
		用户当前 session 内搜索记录	sparse
商品特征	id	商品 id	sparse
	商品属性	一级类目	sparse
		二级类目	sparse
		三级类目	sparse
		品牌	sparse
		型号	sparse
		商品名核心分词	sparse
		价格	sparse/dense
	商品统计特征	商品过去 7 天的平均点击率	sparse
		商品过去 7 天的平均转化率	sparse
上下文特征	用户设备	设备类型	sparse
		品牌	sparse
		型号	sparse
		价格	sparse/dense
		网络状态	sparse
	时空特征	时间	sparse
		是否工作日	sparse
		地理位置	sparse
	栏位特征	推荐栏位	sparse
		推荐位置	sparse
用户-商品	商品粒度交互特征	用户当天对该商品的曝光次数	sparse
		用户当天对该商品的点击次数	sparse
		用户当天对该商品的购买次数	sparse

从语义的角度来说，特征体系包括用户侧、商品侧、上下文特征、用户-商品交叉特征等部分。用户侧的特征主要包括用户的 Id、人口属性、用户画像和用户的长期/短期行为等特征；商品侧的特征主要包括商品的 Id、商品基本信息和商品统计特征；上下文特征包括用户的设备信息以及用户请求时的时空环境（如时间、网络状态等）；用户-商品交叉特征是指用户对商品的交互特征，如访问过该类目商品的次数。

特征体系的建设包括两部分工作：确定候选特征和确定特征重要性。候选特征需要算法人员熟谙业务场景，根据业务场景以及所能获取的数据来制订。候选特征的确定，不仅要考虑特征对于模型标签的重要性，还要考虑候选特征数据流的稳定性、覆盖率和获取的难易程度。

特征的重要性评估可以用来删除不重要的特征，提升计算效率、降低存储开销。

评估特征的重要性主要有以下方法。

1）将候选特征加入模型训练，观察测试集上 AUC、bias、loss 等指标是否有提升。

2）将候选特征加入模型训练，在测试集中将候选特征清除并重新进行随机设置，观察测试集指标的变化。

3）在模型训练时加入 SE Block 结构，自动学习特征的重要性，如图 4-4 所示。

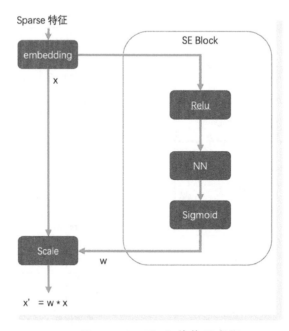

● 图 4-4　SE Block 结构示意图

以稀疏特征为例，SE Block 是一个小型的 DNN 网络，其输入为特征的 embedding，输出为一个【0，1】的重要性参数 w。稀疏特征的 embedding x 经过 w 缩放后，生成 x'，然后将 x' 输送给模型。如果 w 取值接近于 0，也就是说特征的重要性较低，即可以从模型中去除；反之，则说明特征相对比较重要。

4.3 原始特征拼接

原始特征拼接是指将用户发生曝光、点击或转化等行为时的相关的原始特征（如性别、访问时间、商品价格等）打入样本中以备后续明文特征抽取之用。

▶▶ 4.3.1 拼接方法

主流的特征拼接方案包括落盘和离线拼接两种，如图 4-5 所示。

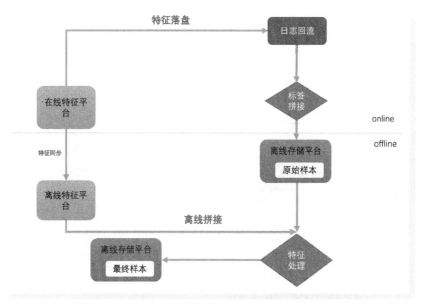

● 图 4-5 特征拼接的两种方式（落盘和离线拼接）

落盘方案是指业务后台在处理用户请求时，将从在线特征平台请求而来的特征落入请求日志中，离线在进行特征抽取时直接从日志中提取相应字段即可。该方法的好处是特征实时落盘，不容易发生特征拼接错误；但坏处是随着业务的发展，特征会越来越多，全部特征落盘会对线上的网络传输、存储等带来比较大的压力。

离线拼接方案是指在线落盘时只落入变化较为频繁的特征（如用户 24 小时内的点击率）、实时特征（如用户过去 30 分钟内的浏览记录）和上下文特征（页面位置）等。对于变化较为缓慢的特征（如用户的人口属性–年龄、性别）等，则从离线的特征平台中进行离线拼接。这种方法较好地避免了第一种方法所带来的性能压力，但是多了一步离线拼接，如果线上特征平台和离线特征平台同步不及时，容易出现特征不一致问题。

具体到实际业务中，往往根据实际的特征数量、样本数量以及线上的性能压力等选择落盘方案或者离线拼接方案。

▶▶ 4.3.2 数据集特征拼接

淘宝点击率预估数据集中，原始样本 Raw_Sample 已经落盘了广告位等特征明文，因此后续只需要进行离线特征拼接即可。

如图 4-6 所示，拼接的原始特征包括 4 部分：用户基本信息、广告基本信息、上下文特征以及用户的行为特征。其中用户的行为特征包括全局/局部的历史/实时行为特征。全局行为特征来自于 Raw Behavior Log，其中的历史行为特征包括用户过去 14 天看过的类目、点赞的品牌等，实时行为特征包括用户当天看过的类目、点赞的品牌等；局部行为特征来自于 Raw Sample，其中的历史行为特征包括过去 7 天的统计类特征（如商品曝光量、点击量、点击率）以及点击商品列表等特征，实时历史行为特征包括过去 24 个小时的统计类特征（如商品曝光量、点击量、点击率）以及点击商品列表等特征。

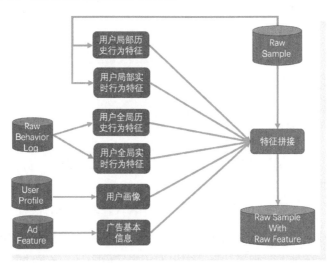

● 图 4-6　淘宝样本拼接流程

大部分原始特征都可以从已有的数据表中直接读取，用户行为类特征需要基于用户的行为日志进一步加工，包括全局历史行为特征和全局实时行为特征，局部历史行为特征和局部实时行为特征。其中全局历史行为特征和全局实时行为特征从文件 Behavior Log 中提取而来，局部历史行为特征和局部实时行为特征从样本表 Raw Sample 中提取而来。下面以全局历史行为特征和局部实时行为特征为例介绍一下提取方法。

全局历史行为特征是指 behavior log 中用户过去 14 天看过的类目、点赞的品牌等历史行为特征。全局历史行为特征的生成逻辑位于 sample/user_behavior_global. py 中。核心逻辑如下。

1）gen_user_behavior_1day_global：按天处理用户行为数据，将用户的行为按照 userid×日期×行为类型×维度【类目、品牌】×次数维度存储在 user_behavior_dict_1day 中。

2）gen_user_behavior_last_14day_global：汇总用户过去 14 天的行为数据。逻辑如下。

```
For 每一个用户：
    For 每一个样本日期：
        汇总过去 14 天的每一种行为
```

3）gen_user_feature_last_14day_global：提取出指定用户在指定日期、指定行为类型（pv/fav/cart/buy）上过去 14 天的 top 30 cate 或者 brand 列表。

局部实时行为特征是指 raw sample 中用户过去 24 个小时的统计类特征（如商品曝光量、点击量、点击率、点击商品列表等特征）。局部实时行为特征的生成逻辑在 sample/user_behavior_local. py 中，核心逻辑如下。

1）gen_local_behavior_dict_realtime：分小时处理用户行为数据。将用户的行为按照 userid×日期×小时维度进行存放，用户的行为表示为 time_stamp+点击标志，行为列表按照 time_stamp 进行升序排列。为了加速查找，还会计算用户在每个小时 show、click 的总次数。这些数据存储在 user_behavior_local_dict_realtime 中。

2）gen_stat_feature_last_xhours_local：提取出指定用户或者广告在过去 x 个小时的 show、click、ctr。

3）gen_action_list_feature_last_xhours_local：提取出指定用户或者广告在过去 x 个小时的访问 list，按照访问时间顺序升序排列。

▶▶ 4.3.3　代码

原始特征拼接的逻辑位于 sample/gen_sample. py 中，核心逻辑如下。

1）拼接用户基本信息表 user_profile：以 userid 为 key 进行拼接，提取用户的基本画像，如性别等。

2）拼接广告基本信息表 ad_feature：以 adgroup_id 为 key 进行拼接，提取广告的基本信息，如广告的类目、品牌等。

3）拼接上下文特征：上下文特征包括时间、广告位等已经集成在 raw_sample 中，直接提取即可。

4）拼接用户的行为特征：以 userid+time_stamp 为 key，提取用户的全局/局部的历史/实时行为特征。

原始特征拼接的最终输出如下。

- 训练样本为 sample/final_data/train_data_shuf。
- 测试样本为 sample/final_data/test_data_shuf。

4.4 明文特征抽取

原始特征拼接将其拼接到了样本上，为了提升模型的拟合效果，这些原始特征需要进行加工后使用。本节首先介绍加工原始特征常用的特征抽取算子，然后演示淘宝广告点击率预估数据集明文特征抽取的结果。

▶▶ 4.4.1 特征抽取算子

特征抽取算子用来对原始特征进行加工，如商品的价格可以进行分桶，将数量众多的原始商品价格归类到几个桶中，一方面减少了特征数量，另一方面相似价格的商品使用同样的桶号，提升了模型的泛化性。

下面介绍一下在互联网业务中常用的特征抽取算子，包括 Log、Sqrt、Bucket、Direct、Combine、Group、WeightedGroup、Hit 和 WeightedHit 等。

1. Log

将输入的原始特征进行 log 运算。该方法可以有效地降低原始特征的方差，主要用于 dense 特征。Log 算子的计算代码如下所示。

```
float FeatureExtractor::LogOperator(const string fea_name)
  {
      string orig_fea_value = sample_fields[fea_name];
      float res = log(stof(orig_fea_value) + 1.0);
      return res;
  }
```

2. Sqrt

将输入的原始特征进行开方运算。该方法可也以有效地降低原始特征的方差，主要用于 dense 特征。Sqrt 算子的计算代码如下所示。

```
float FeatureExtractor::SqrtOperator(const string fea_name)
{
    string orig_fea_value = sample_fields[fea_name];
    float res =sqrt(stof(orig_fea_value) + 1.0);
```

```
    return res;
}
```

3. Bucket

将输入的原始特征进行分桶，如将用户设备价格分为【0~20】【20~50】【50~100】等 15
个桶，然后将商品价格映射到对应的桶中，主要用于 dense 特征。Bucket 算子的计算代码如下
所示。

```
string FeatureExtractor::BucketOperator(const string fea_name, string splits)
{
    string orig_fea_value = sample_fields[fea_name];
    float orig_value =stof(orig_fea_value);
    vector<string> partitions = split(splits,
input_conf_inner_delimiter);
    int output = partitions.size();
    for (int i = 0; i < partitions.size(); ++i){
        float partition =stof(partitions[i]);
        if (orig_value > partition){
            continue;
        }
        else{
            output = i;
            break;
        }
    }
    return to_string(output);
}
```

4. Direct

将输入的原始特征直接使用。如输入特征为 "性别：男"，则经过算子后，处理后特征为
"性别-男"。主要用于 sparse 特征处理。Direct 算子的计算代码如下所示。

```
string FeatureExtractor::DirectOperator(const string fea_name)
{

    string orig_fea_value = sample_fields[fea_name];

    return orig_fea_value;
}
```

5. Combine

将输入的两个或者多个特征进行组合。如将 "地域：上海" 和 "性别：男" 进行组合后，

新特征为"地域性别-上海男"。理论上讲 DNN 模型可以通过模型结构的交叉来挖掘特征之间的交叉关系，但是在实际业务中，受限于性能，DNN 模型层数不能太深，模型的交叉取代不了显式的特征交叉。Combine 算子的代码如下所示。

```cpp
string FeatureExtractor::CombineOperator(const string sub_fea_names, string sub_opera-
tors, string sub_args)
{
    vector<string> orig_sub_fea_names = split(sub_fea_names,
input_conf_inner_delimiter);
    vector<string> orig_sub_operators = split(sub_operators,
input_conf_inner_delimiter);
    vector<string> orig_sub_args = split(sub_args,
input_conf_args_delimiter);
    vector<string> sub_fea_values;
    for (int i = 0; i < orig_sub_fea_names.size(); ++i){
        string sub_fea_name = orig_sub_fea_names[i];
        string sub_operator = orig_sub_operators[i];
        string sub_conf = orig_sub_args[i];

        if (sub_operator == "direct"){
            sub_fea_values.push_back(DirectOperator(sub_fea_name));
        }
        else if (sub_operator == "bucket"){
sub_fea_values.push_back(BucketOperator(sub_fea_name,sub_conf));
        }
        else{
            cerr << "不能在 combine 算子中叠加多元算子" << endl;
            exit(1);
        }
    }

    return vector2str(sub_fea_values, output_fea_inner_delimiter);
}
```

6. Group

如果输入的稀疏特征含有多个特征值，此方法可以将这些特征值聚合在一起。在模型对使用 Group 算子对该类特征进行处理的时候，将会首先把每个特征值对应的 embedding 查出来，然后取平均值送入模型。若干个 embedding 值取平均意指在空间几何中求取若干个点之间的中心。以特征"用户过去 14 天访问过的商品类目"为例，该方法可以认为是对用户过去 14 天访问过的商品类目做了一个聚类。Group 算子的代码如下所示。

```cpp
string FeatureExtractor::GroupOperator(const string fea_name)
{
```

```
    string orig_fea_value = sample_fields[fea_name];
    string res = replace_all_distinct(orig_fea_value,
input_sample_inner_delimiter,output_fea_intermediate_delimiter);

    return res;
}
```

7. WeightedGroup

该算子为 Group 算子的加强版，也就是为每一个特征值设置一个权重，将特征值的 embedding 进行加权平均。加权平均的物理意义在于，以特征"用户过去 14 天访问过的商品类目"为例，有两个用户，用户 A 访问了一百次连衣裙而只访问了一次足球，用户 B 访问了一百次足球却只访问了一次连衣裙，显然这是两个具有明显类目偏好差异的用户。如果使用 Group 算子，A 和 B 在该特征上的最终 Embedding 是一样的，无法体现出两者的差异。可以考虑按照访问频次对每一个特征值进行加权，即 A 最终的 Emebdding = 1.0×Emb（连衣裙）+ 0.01×Emb（足球），B 最终的 Emebdding = 0.01×Emb（连衣裙）+ 1.0×Emb（足球），这样就可以将两个用户的行为差异体现出来。

8. Hit

Hit 算子是一个组合特征算子，其表示了一个特征的特征值是否处在另一个特征的特征值列表中，如果是则取值为 1，否则取值为 0。典型的使用 Hit 算子的特征为"候选商品的品牌用户在过去 14 天是否购买过该品牌的商品"。Hit 算子的代码如下所示。

```
string FeatureExtractor::HitOperator(const string sub_fea_names)
{
    vector<string> orig_sub_fea_names = split(sub_fea_names,
input_conf_inner_delimiter);
    string first_fea_name = orig_sub_fea_names[0];
    string second_fea_name = orig_sub_fea_names[1];

    string first_fea_value = sample_fields[first_fea_name];
    vector<string> second_fea_values =
split(sample_fields[second_fea_name], input_sample_inner_delimiter);

    string res = "1";
    if (find(second_fea_values.begin(), second_fea_values.end(), first_fea_value) ==
second_fea_values.end())
        res = "0";

    return res;
}
```

9. WeightedHit

和 Group 算子类似，Hit 算子也有一个变种——WeightedHit。沿用前文所示例子，相比于 Hit，该算子不仅可以表示候选商品的品牌用户在过去 14 天是否购买过该品牌的商品，还可以表示用户在过去 14 天购买过该品牌的商品数量或者总金额等指标（显然在过去 14 天只购买过该品牌 1 次和购买过 10 次的用户对于该品牌的偏好是有差异的）。该算子产出的特征可以作为 dense 特征，也可以作为稀疏特征。作为稀疏特征值，在模型训练时先查询 embedding，然后再乘以对应的权重，最后送给模型的输入层。

原始特征经过特征算子的处理，形成了正式的明文特征。在稀疏特征中，不同特征的特征值往往具有相同的语义，如特征 A 表示"用户过去 14 天访问过的品牌列表"，其特征值为商品的品牌；特征 B 表示"用户过去 14 天购买过的品牌列表"，其特征值也为商品的品牌。假设用户在过去 14 天访问并购买过品牌 X，那么当 X 出现在 A 时与出现在 B 时可以对应同一个特征值，并采用同样的 embedding。此方法一方面缩减了 embedding 词表的大小，另一方面也使得相关特征值可以得到充分训练，提升模型效果。

▶▶ 4.4.2 特征抽取示例

下面以淘宝的广告点击率预估数据集为例来介绍下明文特征抽取的流程。首来看一下如何为上述淘宝样本特征抽取的部分进行配置：

```
fields=user,time_stamp,adgroup_id,pid,nonclk,clk,workdayflag,tm_hour ,final_gender_
code,age_level,new_user_class_level,cate_id,campaign_id,customer,brand,price,pv_
cate_last_14days
[id]
id=time_stamp |user |adgroup_id,combine,direct |direct |direct,##
[label]
label=clk,direct
#[index_featurename] =[field1 |field2 |...],[operator],[sub_operator1 |sub_operator2
|...],[sub_args1#sub_args2#...]
#index 指示了特征的处理顺序
[dense_features_user]
...
[dense_features_ad]
000_price_dir=price,sqrt
001_price_log=price,log
[dense_features_user_ad]
...
[sparse_features_user]
#user basic feature
```

```
002_user=user,direct
#history globalbihevaior group feature
017_pv_cate_last_14days=pv_cate_last_14days,group,cate_id
#hit history globalbihevaior feature
025_pv_cate_last_14days_hit=cate_id|pv_cate_last_14days,hit
#user* user
065_final_gender_code_new_user_class_level=final_gender_code|new_user_class_level,
combine,direct|direct,#
#context
097_workdayflag=workdayflag,direct
[sparse_features_ad]
#ad basic feature
016_price=price,bucket,20|50|100|200|300|500|800|1000|1500|2000|2500|3000|4000|5000
|10000
#ad* ad
075_cate_brand=cate_id|brand,combine,direct|direct,#
[sparse_features_user_ad]
#user* ad
078_final_gender_code_cate_id=final_gender_code|cate_id,combine,direct|direct,#
```

特征抽取的配置表分为 5 个部分：fields 表明了原始样本的字段，包括 user、time_stamp 等字段；id 指出了样本的编号方式，以方便问题排查，此处 id 由 time_stamp、user 和 agroup_id 组合而成；label 表示样本的标签，此处用 clk 字段来作为标签；dense_feature 列出了每个 dense 特征的抽取方式；sparse_feature 列出了每个 sparse 特征的抽取方式。特征的抽取方式中指明了原始特征列表、算子和相关参数。为了方便后续同时支持单塔和双塔模型，此处将 dense/sparse 特征分成了 user、ad、user_ad 三个部分。

下面以一个样本为例展示特征明文抽取前后的区别。表 4-2 展示了一个原始样本。

表 4-2　原始样本示例

field	value
user	1003576
time_stamp	1494643820
adgroup_id	102
pid	430539_1007
nonclk	1
clk	0
workdayflag	0
tm_hour	10
final_gender_code	1

（续）

field	value
age_level	4
new_user_class_level	126
cate_id	138148
campaign_id	20107
customer	102457
brand	NULL
price	98. 0
pv_cate_last_14days	412, 1648

经过明文特征抽取后， 表4-3展示了抽取结果。

表4-3　明文特征抽取示例

feature_group	feature_name	feature_value
id	id	id#1494643820#1003576#102
label	label	label#0
dense features ad	000_price_sqrt	00_price_sqrt#9. 899495
	001_price_log	01_price_log#4. 595120
Sparse Features User	002_user	02_user#1003576
	017_pv_cate_last_14days	cate_id #412 | cate_id#1648
	025_pv_cate_last_14days_hit	025_pv_cate_last_14days_hit#0
	065_final_gender_code_new_ user_class_level	065_final_gender_code_new_user_class_level#1#126
	097_workdayflag	097_workdayflag#0
Sparse Features Ad	016_price	16_price#2
	075_cate_brand	075_cate_brand#138148#NULL
Sparse Features User_Ad	078_final_gender_code_cate_id	078_final_gender_code_cate_id#1#138148

4.5　特征ID化

特征ID化主要有两个工作目的： 一是去除低频特征， 减小模型大小； 二是减小特征值的存储空间，降低训练样本的大小，加快训练速度。其主要工作包括两项：

1）生成特征词表，对特征进行编号并去除低频特征。

2）使用特征词表对明文样本中的特征明文使用特征编号进行替换。

▶▶ 4.5.1　特征词表生成

深度学习模型对稀疏特征的典型使用方式为，预定义一个 $n \times k$ 维的二维矩阵，又称 embedding dict，其中 n 为稀疏特征数量，k 为 embedding 维度。每一个稀疏特征都将映射到 embedding dict 某一行上，在使用时将对应行的 k 维 ***embedding*** 向量取出，然后将向量输入模型。

特征词表阶段主要是从上一步生成的明文特征样本中收集稀疏特征，滤除掉低频特征，同时将稀疏特征 id 化，也就是将稀疏特征映射为 embedding 词表中的行号。

此处有两个点需要注意：

1）滤除低频特征。如果我们认为样本标签 label 是某个特征值 x 的正太分布的话，即

$$\text{label} = f(x, \mu, \sigma)$$

其中，μ 表示正太分布的均值，σ 表示正太分布的标准差。

深度学习模型也会拟合该函数 f。样本集合中每出现一条带有特征值 x 的样本，都可以认为是对上述分布进行了一次采样，必须采样足够的次数才可以对 μ 和 σ 做出有较高置信度的估计。出现频次较低的特征无法较为准确地预估出分布 f。另外滤除低频特征还可以缩小模型的大小。

2）0 是一个特征的稀疏特征编号。在测试集合或者是线上预测时，往往会出现一些在训练集合中没有出现过的稀疏特征，这些特征将会被映射到 0 号 embedding 上，该 ***embedding*** 是一个全 0 的 k 维向量。

稀疏特征词表见表 4-4。

表 4-4　稀疏特征词表示例

sparse_feature	index
09_occupation#0	1
16_price#2	2
08_shopping_level#3	3
15_brand#102457	4
14_customer#20107	5
13_campaign_id#138148	6
12_cate_id#126	7
11_adgroup_id#102	8
26_shopping_level_price#3#2	9
05_final_gender_code#2	10

▶▶ 4.5.2 ID 化示例

对淘宝广告点击率预估数据集的明文特征抽取结果 （见表 4-3） 使用稀疏特征词表 （见表 4-4） 对特征明文样本进行 ID 化的结果见表 4-5。

表 4-5 最终样本示例

feature_group	feature_name	feature_value
id	id	id#1494643820#1003576#102
label	label	0
dense_features_ad	000_price_sqrt	9. 899495
	001_price_log	4. 59512
sparse_features_user	002_user	2080
	017_pv_cate_last_14days	139 ｜ 386
	025_pv_cate_last_14days_hit	52
	065_final_gender_code_ new_user_class_level	425
	097_workdayflag	1
sparse_features_ad	016_price	2
	075_cate_brand	512
sparse_features_user_ad	078_final_gender_code_cate_id	973

4.6 代码说明

特征抽取的代码位于目录 feature_extract 中，特征配置为 conf/features_v16. ini。考虑到某些业务线会使用 Hadoop/spark 等分布式框架进行样本处理，以加快处理速度，代码中提供了 Python 版本和 c++版本接口。Python 版本接口的使用方式如下。

```
# 1. Gen intermediate_sample for train&test
feature_extract_stage1(raw_sample_train_file, intermediate_sample_train_file)
feature_extract_stage1(raw_sample_test_file, intermediate_sample_test_file)

# 2. Gen sparse feadict with train intermediate_sample
gen_fea_dict(intermediate_sample_train_file, raw_sparse_dict_file, sparse_dict_in-
dex_file)
```

```
# 3. Gen final_sample for train&test
feature_extract_stage2(intermediate_sample_train_file, sparse_dict_index_file,
final_sample_train_file)
feature_extract_stage2(intermediate_sample_test_file, sparse_dict_index_file,
final_sample_test_file)
```

4.7 小结

特征体系的建设是整个算法策略工作的重中之重。在业务的算法实践中，很多时候添加一个重要特征所能带来的模型效果提升要超过复杂的模型结构升级。在强大完备的特征中台的支持下，即使是简单的模型结构（如 LR）也能取得良好的效果。

本章主要介绍了特征体系的建设以及样本特征处理的流程，接下来正式进行模型的构造和训练流程。

第5章

模型构建

标签拼接和特征抽取为模型训练组织好了食材——样本数据，但是在正式开始烹饪之前，还需要先学习一下食谱——模型构建。模型的构建决定了对于输入特征的处理方法、从输入拟合样本标签的网络结构、拟合的方法等。

模型构建包括三要素：模型结构、损失函数和优化器。为了更好地理解各个要素的作用，本章首先介绍 DNN 求解的原理，然后分别介绍模型构建的各个要素。

5.1 DNN 求解

在第 2 章讲过业务中所需要用到的用户商品喜好预估、点击率预估、转化率预估等问题都可以建模成一个函数拟合问题。而 DNN 因为其特殊的结构可以用来拟合任意函数。那么在实际应用中怎么拟合呢?

以前文提到用户商品的喜好预估为例（见表 5-1），假设现在已经收集到了用户对部分商品的喜好（其中，0 表示不喜欢，1 表示喜欢，—表示未知），以及对应的特征。

表 5-1　用户–商品偏好样本

用户 \ 商品	P_1	P_2	...	P_n
U_1	1	—	1	—
U_2	—	1	0	—
⋮				
U_m	—	1	—	0

我们希望能够找到如下所示的一个函数 f，可以利用已经收集到的喜好数据，根据用户/商品的特征准确地给出用户对商品的喜好程度，用来预测用户对于没有表达过喜好意愿的商品的

喜好程度，也就是表 5-1 中值为"—"的项。

$$y=f(x_1,x_2,\cdots,x_n)$$

其中，$x_1\sim x_n$ 为影响用户的各个购物因素，包括用户和商品的相关特征（如用户性别、商品类目等），向量表示为 x；f 为拟合函数；y 为用户对商品的喜好程度，取值范围为 $[0,1]$，0 表示不喜欢，1 表示喜欢。

那么如何找到这个函数 f 呢，接下来分别看一看传统的数学方法和深度神经网络如何解决这个问题。

▶▶ 5.1.1　数学规划

首先来看一下，传统的数学手段怎么来解决这个问题。

第一步，假设 f 的函数形式，如是线性函数、多项式函数还是指数函数等。简单处理起见，此处假设 f 是一个线性函数。

如下述公式所示，f' 表示拟合出的实际函数，y' 表示使用 f' 拟合出的用户商品喜好，希望通过已经观测到的用户商品喜好数据来拟合出一个函数 f'，f' 在已经收集到用户商品偏好数据上打分 y' 接近 y。

$$y'=f'(x_1,x_2,\cdots,x_n)=w_1\times x_1+w_2\times x_2+\cdots+w_n\times x_n$$

其中，w_1，w_2，$\cdots$，w_n 为参数，取值范围为实数；x_1，x_2，$\cdots$，x_n 为自变量，是用户和商品相关的特征。如果某个自变量 x_i 为 dense 特征，那么 x_1 可以直接设置为 dense 特征的原始值。如 x_i 表示过去 7 天的点击率，统计下来为 33%，也就是 0.33，那么 x_i 就等于 0.33；如果某个自变量 x_i 为 sparse 特征，那么 x_i 的取值就是 0 或者 1，如 x_i 表示用户是否有车，那么当用户有车时 x_i 就等于 1，否则 x_i 就等于 0。

第二步，确定拟合误差的计算方式，通过衡量 y' 和 y 之间的相似程度来衡量 f' 对 f 的拟合程度。此处选取常见的均方误差拟合误差的计算方式。均方误差的公式如下。

$$l=\sum (f'(x)-y)^2$$

第三步，函数的形式和拟合误差的计算方式已经确定，可以开始参数的求解了。参数的求解有两种方法：一种是解析法，直接求最优解，如最小二乘法；另一种是数值法，通过迭代优化逼近最优解，如梯度下降法。

最小二乘法的求解流程如下。

1）列出均方误差的公式。

$$l=\sum (f'(x)-y)^2=\sum (wx-y)^2=\sum \left(\sum w_i x_i-y\right)^2$$

2）设均方误差各变量的偏导数为零，列出线性方程组：

$$\frac{\partial l}{\partial w_i} = 2\sum\left(\sum w_i x_i - y\right)x_i = 0$$

3） 求解上述线性方程组。

梯度下降法的求解流程如下。

1） 随机初始化w，包括w_1，w_2，…，w_n。

2） 计算均方误差l。

3） 计算偏导数$\dfrac{\partial l}{\partial w_i}$。

4） 采用下述公式更新w，其中η 为超参数，表示学习率。

$$w_i = w_i - \eta\frac{\partial l}{\partial w_i}$$

5） 重复步骤2） ～步骤4），直至l不再变小或者达到预置的训练轮次等其他条件。

最小二乘法可以直接求得全局最优解，但是涉及矩阵的求逆计算量较大，而且特征数量大于样本数量的时候矩阵的逆并不存在；梯度下降法计算简单，但是容易受到初始点、学习率等的影响，从而陷入局部最优点。如图5-1 所示，函数的全局最优点为 C，梯度下降法从 A 出发，很可能陷入局部最优点 B，从而无法得到全局最优解。

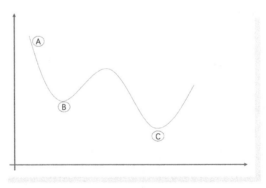

● 图 5-1　局部最优点 （B） 和全局最优点 （C）

▶▶5.1.2　DNN 方法

DNN 方法其实是和数学规划类似的，唯一的核心区别就是 DNN 中采用深度神经网络来表示用户商品喜好函数f'。

DNN 模型构造的三要素是：模型结构、损失函数和优化器。类比于数学规划，模型结构决定了函数的形状 （多项式函数、指数函数等）；损失函数对应于拟合误差计算公式，决定了如何衡量 DNN 拟合出的函数和实际函数之间的差距；优化器对应于参数的更新方式，决定了用什么样的方法来拟合函数，也就是得到 DNN 的参数，目前主流的优化器都是基于梯度下降的。

模型的训练过程就是求解 DNN 模型中各种参数的解；模型的预测是将特征输入 DNN 模型，得到预估的标签值。

下面分别介绍 DNN 模型构造的三要素。首先是模型结构的基本元素——模型层，以及如何使用模型层进行模型结构搭建。

5.2 模型层

不管是多么复杂的模型结构，都是由最基本的模型层来组建的。可以认为将不同的模型层按照不同的方式搭积木，最终形成了不同的模型结构。

基本的模型层包括三种：输入层、神经网络层和激活函数层。每个层的主要功能为按照层的定义进行前向传播、反向传播和参数更新。参数更新将在优化器部分介绍，此处着重介绍每个层的前向传播和后向传播功能。

▶▶ 5.2.1 输入层

输入层包括 dense 特征输入层和 sparse 特征输入层。其中 dense 特征输入层比较简单，其功能为将 dense 特征原样向前传播。可以认为是实现了一个恒等函数：

$$f(x) = x$$

sparse 特征输入层的实现较为复杂，有的 sparse 特征使用了 direct 或者 combine 或者 hit 等算子进行提取，只包括一个特征值，而有的特征使用了 group 算子进行提取，可能包括多个特征值。PS-DNN 中出于代码实现的统一性考虑，输入的 sparse 特征全部按照可能包含多个特征值进行处理。

sparse 特征输入层的核心功能在于：前向传播时根据传入的特征值，从 embedding 词表中查询 embedding，然后拼接成一个 embedding 向量；后向传播时计算本批次样本 sparse 特征所涉及 embedding 的梯度；参数更新时对 embedding 参数使用优化器和对应的梯度进行更新。

前向传播：假如输入的 embedding 特征为 dim_sparse 个，embedding 的维度为 dim_sparse_emb，则输出的向量列数为 dim_sparse * dim_sparse_emb。如果一个特征中含有多个特征值，则最终 embedding 为各个特征值 embedding 的平均值。

embedding 词表的实现在 embDict 中，该类为单例模式。为了更好地支持增量训练，特征的 embedding 词表采用 unordered_map 实现。unordered_map 数据结构采用了哈希表进行存储，进行查询和插入操作的时间复杂度都是 $O(1)$ 。

sparse 特征输入层前向传播的具体实现如下。

```
//input:sparse_bottom
//output:top
void SparseInput::forward(const Matrix3D& sparse_bottom) {
  // z= x_sparse
  const int n_sample = sparse_bottom[0].size();
  if (top.cols() ! = n_sample)
    top.resize(dim_sparse* dim_sparse_emb, n_sample);

  for (int i=0; i<n_sample; i++)//遍历每个样本
    for (int j=0; j<dim_sparse;j++)//遍历每个 sparse 特征
    {
        int sparse_value_count = sparse_bottom[j][i].size();
        Vectoremb = Vector::Zero(dim_sparse_emb);
        for (int k=0; k<sparse_value_count; k++)//遍历每个 sparse 特征值
        {
          int sparse_fea_index = sparse_bottom[j][i][k];
          Vector fea_emb = EmbDict::get()->get_emb(sparse_fea_index);
emb += fea_emb;
        for (int l=0; l<dim_sparse_emb; l++)
          // 进行平均
          top(j* dim_sparse_emb+l, i) = emb(l)/sparse_value_count;
      }
  }
```

其中，sparse_bottom 是一个三维矩阵，第一维是稀疏特征的个数，第二维是每个批次的样本数量，第三维是每个稀疏特征中的特征值个数。输出结果存放在 top 中，top 是一个二维矩阵。在对第 j 个样本第 i 个稀疏特征构造 embedding 时，首先查询出该特征的 k 个特征值，然后取平均。

后向传播：机器学习模型的梯度计算遵从链式法则。

$$y=f(g(x))$$

$$\frac{\partial y}{\partial x}=\frac{\partial f}{\partial g}*\frac{\partial g}{\partial x}$$

梯度的回传从最后一层开始，每一层接受后一层回传的梯度，计算本层相关参数的梯度，并计算需要回传给前一层的梯度。sparse 输入层没有前置层，所以不用继续计算并往前计算梯度。后向传播的具体逻辑如下。

```
void SparseInput::backward(const Matrix3D& sparse_bottom) {
  // d(L)/d(emb) = d(L)/n,n 为该特征上特征值的个数,前向传播时 embedding 进行了平均,后向传播时
梯度也会进行平均
```

```
// !!!! grad_sparse_emb should be cleard
grad_sparse_emb.clear();
for (int i=0; i<n_sample;i++)
  for (int j = 0; j<dim_sparse;j++)
  {
    int sparse_value_count = sparse_bottom[j][i].size();
    for (int k=0; k<sparse_value_count; k++)
    {
      int sparse_fea_index = sparse_bottom[j][i][k];
      Vector& grad_sparse_emb_ele = grad_sparse_emb[gen_param_key(sparse_fea_index)];
      if (grad_sparse_emb_ele.size() == 0) {
        grad_sparse_emb_ele.resize(dim_sparse_emb);
        grad_sparse_emb_ele.setZero();
      }
      for (int l=0;l<dim_sparse_emb;l++)
      {
        grad_sparse_emb_ele(l) += ((* grad_top)(j* dim_sparse_emb+l,i) / sparse_
value_count); //稀疏特征的向量为多个稀疏特征值对应 embedding 的平均值,所以在计算梯度时,要除以
稀疏特征值的个数
      }
    }
  }
}
```

其中,**grad_top** 为从上一层回传的梯度,**grad_sparse_emb_ele** 类型为 ParamMap,存储了一次 batch 中涉及的所有稀疏特征值以及对应的梯度。值得注意的是,稀疏特征的 embedding 为该特征中多个稀疏特征值对应 embedding 的平均值,所以在计算每个 embedding 的梯度时,要除以稀疏特征值的个数。

▶▶ 5.2.2　神经网络层

神经网络层(Neural Network Layer,NN 层)通常包含 1 个或者多个神经元。NN 层将若干个输入信号汇总在一起,通常是加权求和,如下述公式所示。

$$f(x) = w^t x + b$$

假设 NN 层的输入维度为 dim_in,输出维度为 dim_out,batch_size 为 n_sample。那么在上式中 x 为输入,维度为【dim_in、n_sample】;w 为加权权重,维度为【dim_in、dim_out】,b 为偏置,维度为【dim_out】。

前向传播功能如上式所示,此处不再赘述代码。

后向传播时,首先计算 w 和 b 的梯度,然后计算需要传递到前一层的梯度。假设后一层传来的梯度为 **dg**。那么 w 和 b 的梯度分别为:

$$\frac{\partial f}{\partial w} = x * \mathrm{d}g$$

$$\frac{\partial f}{\partial b} = \mathrm{d}g$$

回传到前一层的梯度为：

$$\frac{\partial y}{\partial x} = w * \mathrm{d}g$$

具体代码如下。

```
void FullyConnected::backward() {
  const int n_sample = bottom->cols();
  grad_weight = (* bottom) * (grad_top->transpose());
  grad_bias = grad_top->rowwise().sum();
  grad_bottom.resize(dim_in, n_sample);
  grad_bottom = weight * (* grad_top);
  matrix_clip(grad_bottom);//梯度裁剪,防止出现梯度消失或者是爆炸
}
```

其中，botttom 为前一层的输入，grad_top 为后一层回传的梯度，grad_bottom 为回传到前一层的梯度，grad_weight 为网络权重 w 的梯度，grad_bias 为偏置 b 的梯度。注意，此处使用 matrix_clip 对回传到前一层的梯度进行了裁剪，防止出现梯度消失和爆炸。

▶▶ 5.2.3　激活函数层

激活函数层通常接在 NN 层的后面，其决定输出信号的强度。激活函数的种类非常丰富，本文主要介绍三种常用的激活函数，Sigmoid、Tanh 和 ReLU。

1. Sigmoid

Sigmoid 函数又称逻辑回归函数，该函数取自生物学上的 S 型生长曲线，其函数形式如下。

$$f(x) = \frac{1}{1+e^{-x}}$$

其导数为：

$$\frac{\partial f}{\partial x} = \frac{e^{-x}}{(1+e^{-x})*(1+e^{-x})} = f(x)*(1-f(x))$$

该函数没有参数，所以不需要进行梯度更新。

如图 5-2 所示，Sigmoid 函数将输出值映射到 [0，1] 之间，可以直接用作二分类或者作为隐藏层的激活函数。

该函数平滑、易于求导，但是缺点也很明显：激活函数需要进行指数计算，计算量较大；

函数在输入取值 [-1, 1] 区间时变化比较敏感, 在此区间之外变化不敏感, 会陷入饱和状态, 从而非常容易导致梯度消失。

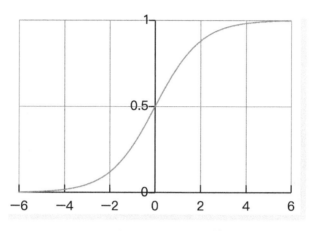

● 图 5-2 Sigmoid 函数

2. Tanh

Tanh 激活函数, 即双曲正切函数, 其函数形式如下。

$$f(x) = \frac{e^x - e^{-x}}{e^x + e^{-x}} = \frac{2}{1 + e^{-2x}} - 1$$

其导数为:

$$\frac{\partial f}{\partial x} = \frac{4 \ e^{-2x}}{(1 + e^{-2x}) * (1 + e^{-2x})} = (f(x) + 1) * (1 - f(x))$$

如图 5-3 所示, 相比于 Sigmoid 函数, Tanh 函数取值范围为 [-1, 1], 同时非饱和区间也有所扩大, 减缓了梯度消失问题。

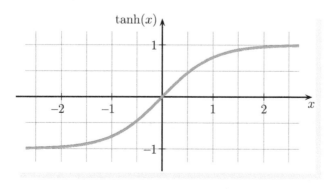

● 图 5-3 Tanh 函数

3. ReLU

ReLU（Rectified Linear Unit），又称线性整流函数。其函数形式如下。

$$f(x) = \max(0, x)$$

其导数为：

$$1, if\ x > 0$$

$$0, if\ x \leq 0$$

ReLU 函数的曲线如图 5-4 所示。该函数同样没有参数，所以自身不需要进行梯度更新。其前向传播和后向传播函数为：

```cpp
void ReLU::forward() {
  // a = z* (z>0)
  top = (* bottom).cwiseMax(0.0);
}

void ReLU::backward() {
  // d(L)/d(z_i) = d(L)/d(a_i) * d(a_i)/d(z_i)
  //            = d(L)/d(a_i) * 1* (z_i>0)
  Matrix positive = ((* bottom).array() > 0.0).cast<float>();
  grad_bottom = (* grad_top).cwiseProduct(positive);
}
```

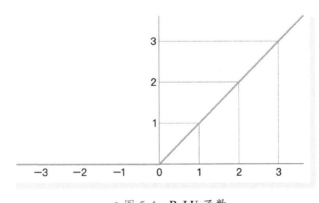

● 图 5-4　ReLU 函数

相比于传统的神经网络激活函数（如 Sigmoid 和 Tanh），ReLU 有着以下几方面的优势：

1）非饱和区间大：在输入为 [0，正无穷大] 时，ReLU 的梯度均为 1，避免了梯度爆炸和梯度消失问题。

2）计算简单：没有复杂的指数函数等运算，极大提升了运算效率。

但 ReLU 也有缺点，即其在输入取值为负数的情况下，梯度为 0，输出也为 0，对应的神经元相当于陷入了死亡状态。一般而言，采用 ReLU 的网络中 50% 的神经元会处于死亡状态。

为了避免 Relu 中神经元会处于死亡状态的缺点，其衍生出了很多变种，如 Leaky Relu：

$$f(x) = \begin{cases} x & if \ x \geq 0 \\ ax & if \ x \leq 0 \end{cases}$$

其导数为：

$$1, if \ x > 0$$

$$a, if \ x \leq 0$$

其函数曲线如图 5-5 所示。

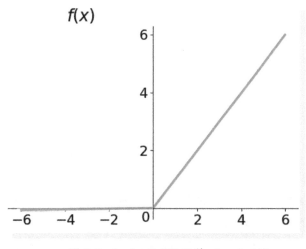

● 图 5-5　Leaky ReLU 函数 （$a = 0.01$）

5.3　模型结构

在搜索、广告、推荐业务中，核心的算法问题在于预估 item 的点击率和转化率等指标。CTR/CVR 模型预估的准确性每提高一个百分点，都能给业务带来巨大的收益。所以，对于 CTR/CVR 预估模型结构的探索与创新，一直是工业界和学术界研究的热门领域。在本书的第三部分将详细讲述互联网业务中模型结构的演变。

本书拟定实现的模型为 Facebook 的 DLRM（Deep Learning Recommendation Model）。该模型结构实现简单、普适性强，在很多业务场景中都是一个很好的 baseline。

▶▶ 5.3.1　DLRM 模型

图 5-6 展示了 DLRM 的模型结构。

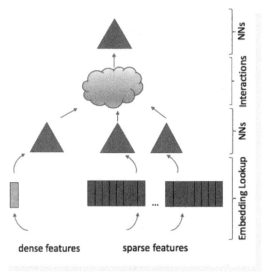

● 图 5-6　DLRM 模型结构

DLRM 模型的结构总共包括 4 个部分：

- 输入层：dense 特征和 sparse 特征分开处理。dense 特征直接输出原始特征值，sparse 特征查询对应的 embedding 后送入网络。
- 萃取层：dense 特征和每个稀疏特征 embedding 分别经过若干层 NN。
- 交互层：使用 NN 或者是 FM 系列等模型进行特征之间的交互。
- 输出层：交互层的结果经过一层或者多层 NN 后输出预测结果。

▶▶ 5.3.2　模型搭建

DLRM 模型中包含多个子 NN 网络，每个子 NN 网络都包若干 NN 层。下面以包含一层 NN 层的子 NN 网络为例来展示如何使用上述各种模型层搭建一个简单的 DLRM 模型，如图 5-7 所示。

其中，Dense 特征经过 Dense Input、NN 和 Sigmoid 层，与 Sparse 特征经过 Sparse Input 特征后生成的 embedding concat 在一起，然后经过 NN、ReLU、NN 和 Sigmoid 层，最后生成模型预估结果。代码如下。

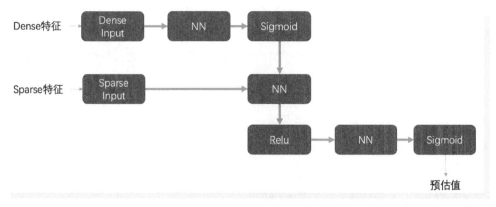

● 图 5-7　DLRM 模型构成

```
int Network::do_build_network_fnn(vector<string> net_layer_confs)
{
  int last_output_dim = dense_layer_user->output_dim()
    + dense_layer_ad->output_dim()
    + dense_layer_user_ad->output_dim()
    + sparse_layer_user->output_dim()
    + sparse_layer_ad->output_dim()
    + sparse_layer_user_ad->output_dim()
    ;
  Layer* last_layer =nullptr;
  for (int i=0; i<net_layer_confs.size(); i++)
  {
    Layer* layer = build_net_layer(net_layer_confs[i], last_output_dim, get_layer_
index());
    if (i == 0)
    {
      connect_layer(dense_layer_user, layer);
      connect_layer(dense_layer_ad, layer);
      connect_layer(dense_layer_user_ad, layer);
      connect_layer(sparse_layer_user, layer);
      connect_layer(sparse_layer_ad, layer);
      connect_layer(sparse_layer_user_ad, layer);
    }
    else
      connect_layer(last_layer, layer);
    add_layer(layer);
    last_layer = layer;
  }

  return 0;
}
```

其中，vector<string> layer_confs 为网络结构配置，函数 void connect_layer（Layer * A，Layer * B）将层 B 连接在层 A 的后面。

为了支持 DRLM 等模型结构，本书对模型结构采用了表的方式进行组织。每一层都会按序保存一个输入层的列表和一个输出层的列表。模型初始化完成后，除了 dense 输入层和 sparse 输入层，其他所有的层都会放入一个 vector layers 中。layers 中的各个网络层按照拓扑排序从先到后放置，如果一个层 B 直接或者间接依赖层 A 的输出结果，那么在 layers 中，B 一定放在 A 的后面。之所以要求拓扑排序，是因为在前向传播时，模型层的计算顺序是 layers 从前往后，而在后向传播时，模型层的计算顺序是从后往前。只有所有的模型层在 layers 中是拓扑排序，才能保证前向传播和后向传播的顺序是正确的。

5.4 损失函数

模型结构决定了拟合函数的形式，损失函数决定了如何衡量预测值和实际值之间的差距，也就是拟合的目标。一般而言，模型在训练的时候，都是让损失函数的值越小越好。本书实现了两种常用的损失函数，包括 MSE（Mean Squared Error，均方差函数）和 Cross Entropy（交叉熵损失函数）。

▶▶5.4.1 MSE 损失函数

MSE 损失函数的公式如下。

$$l = \sum (f(x) - y)^2$$

其中，$f(x)$ 为模型的预测值，y 为样本的真实 label。

MSE 损失函数反向回传的梯度计算公式如下。

$$\frac{\partial l}{\partial f} = \sum 2 * (f(x) - y)$$

具体实现如下。

```
void MSE::evaluate(const Matrix& pred, const Matrix& target) {
  int n = pred.cols();
  // forward: L =sum{ (p-y) .* (p-y) } / n
  Matrix diff =pred - target;
  loss = diff.cwiseProduct(diff).sum();
  loss /= n;
  // backward:d(L)/d(p) = (p-y)* 2/n
  grad_bottom = diff * 2 / n;
```

```
    matrix_clip(grad_bottom);
  }
```

MSE 常用在回归任务中，如计算用户的浏览时长、购买金额等。需要注意的是，在实际应用中，如果 label 的方差过大（如购买金额，少则几块钱，多则上万块），往往会对 label 进行取对数处理，模型拟合 log（label）。但是这种方法会容易造成对于低值的样本高估，对于高值的样本低估。

例如有两个样本，A 原始购买金额是 100 元，取对数后是 4.6，B 原始购买金额是 5000元，取对数后是 6.9。假设模型训练过程中，A 和 B 的预测值都比实际值低了 0.1，也就是 A 的预测值为 4.5，对应 90 元，实际误差 10 元，B 的预测值为 6.8，对应 898 元，实际误差102 元。也就是说对 label 做了取对数处理后，虽然 A 和 B 的样本预估误差一样，但是实际上原始值的差异巨大，表现在模型的预测结果上就是，低值的样本高估，高值的样本低估。

为了解决上述问题，可以考虑将 label 进行分段，如 0~100 元、100~1000 元、1000~2000元等，然后将 label 映射到区间上，将回归问题改为分类问题。

▶▶ 5.4.2　Cross Entropy 损失函数

交叉熵（Cross Entropy）是 Shannon 信息论中一个重要概念，主要用于度量两个概率分布间的差异性信息。交叉熵损失函数的计算公式如下。

$$l = -\sum \left[y\log(f(x)) + (1-y)\log(1-f(x)) \right]$$

其中，$f(x)$ 为模型的预测值，y 为样本的真实 label。预测值 $f(x)$ 和 y 越接近，l 值越小。
交叉熵损失函数反向回传的梯度计算公式如下。

$$\frac{\partial l}{\partial f} = -\sum \left[\frac{y}{f(x)} + \frac{1-y}{1-f(x)} \right]$$

具体实现如下。

```cpp
void CrossEntropy::evaluate(const Matrix& pred, const Matrix& target) {
  int m = pred.rows();
  int n = pred.cols();
  Matrix ones = Matrix::Constant(m, n, 1);

  const floateps = 1e-8;
  // forward: L = \sum{ -y_i* log(p_i) - (1-y_i)log(1-p_i)} / n
  loss = - (target.array().cwiseProduct((pred.array() + eps).log()) +
       (ones-target).array().cwiseProduct(((ones-pred).array() +
eps).log())).sum();
  loss /= n;
  // backward: d(L)/d(p_i) = ((1-y_i)/(1-p_i)-y_i/p_i)/n
```

```
  grad_bottom = ((ones-target).array().cwiseQuotient((ones-
pred).array() + eps) -
      target.array().cwiseQuotient(pred.array() + eps)) / n;
  matrix_clip(grad_bottom);
}
```

交叉熵损失函数特别适合分类任务，在实际业务中得到了大规模应用，尤其是在点击率和转化率预估中。

5.5　优化器

前文分别介绍了模型构造的三要素中的模型结构和损失函数，本节主要介绍一下优化器。优化器决定了用什么样的方法来得对模型的参数（包括稀疏特征的 embedding 以及网络结构参数）进行更新，从而使得模型更好的拟合目标。

目前主流的优化器包括 SGD、ADAM 等，其核心思路都是梯度下降。基于梯度下降思路的优化器都可以统一在如下的框架中：假设 w 为模型参数，lr 为学习率，$decay$ 为正则化系数，dw 为模型训练过程中反向传播计算出来的梯度，t 为第 t 步。绝大多数优化器的更新逻辑如下。

1）在梯度更新时考虑对参数进行正则化：

$$dw_t = dw_t + decay * w_t$$

2）根据历史梯度计算一阶动量和二阶动量：

$$m_t = \phi(dw_0, dw_1, \cdots, dw_t)$$

$$v_t = \varphi(dw_0^2, dw_1^2, \cdots, dw_t^2)$$

3）计算本次的下降梯度：

$$\eta_t = lr * m_t / \sqrt{v_t}$$

4）更新参数：

$$w_{t+1} = w_t - \eta_t$$

各个优化器的不同主要体现在第二步上，下面主要介绍一下 SGD、Momentum、Nesterov、AdaGrad 和 Adam 优化器。

▶▶ 5.5.1　SGD

SGD，也就是随机梯度下降，是所有优化器的始祖。SGD 没有使用历史梯度，也就是说：

$$m_t = \mathrm{d}w_t$$

$$v_t = 1$$

因此其参数更新公式可以简写如下：

$$w = w - lr * \mathrm{d}w$$

SGD 实现简单，应用广泛，但是在实际应用中也暴露出了不少缺点：可能会陷入局部最优值、learning_rate 需要精细挑选、收敛慢、所有参数共用同一个 learning rate 不利于对低频特征的训练、不稳定。

▶▶ 5.5.2　Momentum

SGD 方法只依赖于当前 batch 的梯度，非常容易产生梯度振荡。因此 Momentum 方法考虑加入惯性也就是一阶动量来进行平滑。

$$m_t = \beta1 * m_t + (1 - \beta1) * \mathrm{d}w_t$$

$$v_t = 1$$

如图 5-8 所示，与 SGD 相比，Momentum 下降速度快，因为如果方向是一直下降的，那么速度将是之前梯度的和，所以比仅用当前梯度下降快；如果发生了梯度振荡，该方法积累的惯性会减轻梯度下降的振荡程度。

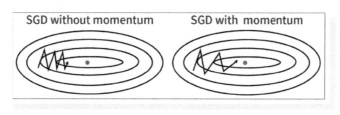

● 图 5-8　SGD 和 Momentum 方法的去区别

▶▶ 5.5.3　Nesterov

Nesterov 算法在 Momentum 的基础上更进一步，在每次更新梯度时都往前看一看，从而收敛得更快，如图 5-9 所示。可以认为 Nesterov 不仅考虑了历史梯度，还考虑未来梯度。

Nesterov 算法的一阶动量和二阶动量计算公式如下。

$$m_t = \beta1 * [\beta1 * m_t + (1 - \beta1) * \mathrm{d}w_t] + (1 - \beta1) * \mathrm{d}w_t$$

$$v_t = 1$$

以下是 SGD、Momentum、Nesterov 的具体实现。

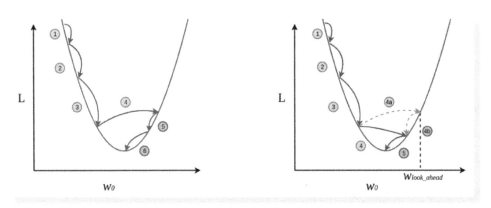

● 图 5-9 Momentum（左）和 Nesterov（右）的区别

```
void SGD::update(Vector::AlignedMapType& w,
                 Vector::ConstAlignedMapType& dw) {
  // refer to SGD inPyTorch:
  // https://github.com/pytorch/pytorch/blob/master/torch/optim/sgd.py
  // If v is zero, initialize it
  Vector& v = v_map[w.data()];
  if (v.size() == 0) {
    v.resize(w.size());
    v.setZero();
  }

  Vector l_grad = dw + decay * w;
  // update v
  v = momentum * v + l_grad;
  // update w
  if (nesterov)
    w -= lr * (momentum * v + l_grad);
  else
    w -= lr * v;
}
```

其中，w 为参数，dw 为梯度，v_map 存放了各个参数的历史梯度。如果 momentum 参数设置为 0，nesterov 标记为 false，则上述算法退化为一个标准的 SGD。

▶▶ 5.5.4 AdaGrad

AdaGrad 提出了对不同的参数采用不同的学习率，其一阶动量和二阶动量计算公式如下。

$$m_t = \mathrm{d}w_t$$

$$v_t = \beta 2 * v_t + (1-\beta 2) * \mathrm{d}w_t^2$$

二阶项会累积各个参数的历史梯度平方，对于频繁更新的梯度，二阶项逐渐变大，更新的步长相对就会变小；对于稀疏的梯度，二阶项相对较小，那么更新的步长就比较大。

▶▶ 5.5.5　Adam

Adam 是优化器的集大成之作，它充分考虑了一阶动量和二阶动量，同时学习率是自适应的，随着更新次数的增加，学习率逐步变小，对于高频的参数可以保证参数在更新了一定的频次之后每次只进行小的更新即可保持结果的稳定，对于低频的参数可以保证初始的学习率较大从而进行快速更新。其算法如下。

$$m_t = \beta1 * m_t + (1-\beta1) * \mathrm{d}w_t$$

$$v_t = \beta2 * v_t + (1-\beta2) * \mathrm{d}w_t^2$$

$$lr = lr * \sqrt{1-\beta1^t} / (1-\beta2^t)$$

$$\eta_t = lr * m_t / \sqrt{v_t}$$

$$w_{t+1} = w_t - \eta_t$$

具体实现如下。

```
void ADAM::update(Vector::AlignedMapType& w,
             Vector::ConstAlignedMapType& dw) {
// refer:https://github.com/pytorch/pytorch/blob/master/torch/optim/adam.py
// If v/s is zero, initialize it
Vector& v = v_map[w.data()];
if (v.size() == 0) {
  v.resize(w.size());
  v.setZero();
}
Vector& s = s_map[w.data()];
if (s.size() == 0) {
  s.resize(w.size());
  s.setZero();
}

if (counts.find(w.data()) == counts.end())
  counts[w.data()] = 1;

int count = counts[w.data()];
Vector l_grad = dw + decay * w;

v = beta1 * v + (1 - beta1) * l_grad;
s = beta2 * s + (1 - beta2) * (l_grad.cwiseProduct(l_grad));
```

```
float bias_correction1 = 1 - pow(beta1, count);
float bias_correction2 = 1 - pow(beta2, count);
float step_size = lr * sqrt(bias_correction1) / bias_correction2;

w -= step_size * (v.cwiseQuotient(s.cwiseSqrt() +
Vector::Constant(w.size(), eps)));

counts[w.data()] += 1;
}
```

Adam 在实际项目中得到了广泛应用,收敛速度快,特别适合稀疏高维数据,但是因为 Adam 是自适应的,后期的学习率过低,所以也有可能错过全局最优解,在实际应用中需要注意这一点。

▶▶ 5.5.6 扩展

上面介绍了各种基于梯度下降的优化器,在模型训练中,各种优化器的使用流程为:

1)采用随机方法初始化参数。

2)计算预测值 Y′。

3)通过真实值 Y 和预测值 Y′之间的差异,计算损失函数 loss。

4)根据步骤 3)中的 loss 来使用优化器计算梯度。

5)根据梯度更新参数。

6)如果迭代达到一定的轮数或者 loss 的降幅较小,则停止迭代;否则,返回第 2)步。

这种求解方法在数学上称之为梯度下降,属于数值法,与之相对应的是解析法。

解析法可以直接推导出解的具体函数形式,从解的表达式中可以算出任意输入上的 Y′。而数值法一般则是逐步逼近近似解。例如方程 $x^2 = 4$,$x = \sqrt{4} = 2$ 是解析方法;而先给 x 一个初试解(如 1.3),然后根据牛顿迭代法逐渐将 x 收敛到 2 的方法则为数值方法。

联系到数理逻辑中,人类进行逻辑推理的方式主要有两种:一种是演绎法,一种是归纳法。演绎法采用正面推导,如从公理 A 推导出定理 B,然后推导出定理 C,直至推导出最后的结论,类似于数值法;而归纳法则是先证明初始条件 0 下结论为真,而当 n 为真时 $n+1$ 条件下亦为真,这种逐步推进的方法则类似于数值法。

在机器学习求解的数值方法中,除了梯度下降类算法(SGD、Adam 等)外,理论上还可以使用遗传算法等方法。使用遗传算法求解机器学习模型中参数的流程如下。

1)将模型中的参数排列成一个序列,并随机生成多个初始解,也就是初始染色体。

2)评估每条染色体的适应度,也就是模型 loss 的大小,剔除部分适应度不高的染色体

（适应度越大，loss 越小）。

3）根据适应度越大、选择概率越大的原则，选择两条染色体作为父母。

4）一对父母染色体进行交叉——交换部分参数，形成子代染色体。

5）对子代染色体进行变异——增大或者减小某个参数的值。

6）重复步骤 2）～步骤 5），直至指定的轮数或者是 loss 的下降不再显著。

遗传算法求解过程较为烦琐，计算量大，在实际模型求解中不常用。

5.6 小结

对于一个好厨师来说，不管面对什么样的食材，都能给出针对性的烹饪方法，做出美味佳肴。一个优秀的算法工程师也是如此，面对不同的业务场景和复杂多样的数据，都可以给出科学的建模方案和演进思路，实现业务效果提升的最大化。

本章介绍了模型构建的三要素：模型结构、损失函数和优化器，并附赠了对应的代码，以方便读者理解模型每一个环节的工作原理。正所谓，一道通百道通，无论多么复杂的模型结构，其本质的工作原理都是类似的。希望读者通过本章能够更好地理解业务中广泛应用的高维稀疏模型的基本原理和实现，以及业内主流的模型创新和背后的思路，从而更好地在具体业务中指导模型的优化方向。

模型训练与预测

食材（样本＆特征）、烹饪方法（模型构建）都已经齐备，现在进入期待已久的烹饪环节——模型的训练和预测，如图6-1所示。

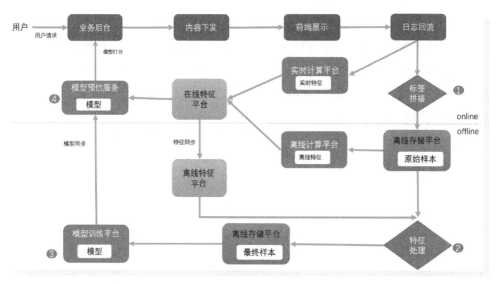

● 图 6-1　一个主流深度学习系统的实现流程

本章首先介绍模型的评估指标，然后具体介绍在实际的业务应用中如何进行模型的训练和预测，最后测试了在淘宝广告点击率预估数据集合上使用本文示例的 DNN 模型训练的效果。

6.1　模型评估

以点击率模型为例，常见的评估指标主要包括 AUC、Loss 和 Bias。

AUC（Area Under Curve）被定义为 ROC 曲线下的面积，如图 6-2 所示。ROC（Receiver Operating characteristic Curve，接收者操作特征曲线）曲线是一种坐标图式的分析工具，起源于信号检测理论。ROC 曲线的横坐标是伪阳性率（False Positive Rate，假正类率）即判定为正例却不是真正例的概率，纵坐标是真阳性率（True Positive Rate，真正类率）即判定为正例也是真正例的概率。

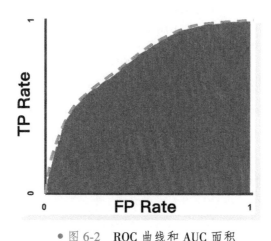

● 图 6-2　ROC 曲线和 AUC 面积

AUC 评估的是模型的排序能力，也就是对正样本的打分大于对负样本的打分的能力。简单来说，可以认为 AUC 的值等于模型把正样本排序在负样本之前的概率。AUC 的取值范围是 [0，1]，AUC 越大排序能力越好。AUC 按照其定义的方式进行计算，开销较大，实际中往往使用快速计算方式：

1）将样本按照预测分值降序排列。

2）统计正样本个数 M，负样本个数 N，以及每一个正样本的序号 pos_rank_i。

3）采用如下公式计算 AUC。

$$auc = \frac{\sum_{k=0}^{m-1} pos\_rank_i - M * (M+1)/2}{M * N}$$

Loss 衡量的是预测值和实际值之间的绝对差值。在回归任务中常用的 Loss 为均方误差；在点击率预估任务中，常用的 Loss 为交叉熵。一般而言，Loss 值越小，模型的效果越好。均方误差和交叉熵 Loss 的计算公式如下所示。

$$均方误差\ loss = \sum (f(x)-y)^2$$

$$交叉熵\ loss = -\sum [y\log(f(x))+(1-y)\log(1-f(x))]$$

Bias 衡量的是预测值和实际值之间的偏差比例，计算方法如下，该值越接近 0 越好。

$$bias = \frac{\sum f(x)}{\sum y} - 1$$

之所以关心 bias，是因为 CTR 预估的绝对值会参与广告出价等业务逻辑。CTR 预估的不准，将会导致 oCPA 广告超成本或者是损害平台利益。oCPA 广告包括 oCPM（按照展现收费、但是平台保证广告主的成本）和 oCPA（按照点击收费，但是平台保证广告主的成本）两种类型。以 oCPM 广告为例，其 ecpm 计算公式如下。

$$ecpm = bid * pctr * pcvr$$

如果 pctr 预估偏高，ecpm 就会偏高，平台多收了钱，广告主的成本就会提升，roi 下降，从而降低广告预算；如果 pctr 预估偏低，ecpm 就会偏低，广告主成本下降，roi 变好，但是平台收钱就会减少。

6.2 模型训练

模型训练方式包括三种：全量训练、批处理训练和单样本训练。顾名思义，全量训练是指一次训练过程中加载所有样本，批处理训练是指一次训练过程中加载一批训练样本，单样本训练是指一次训练过程中加载一个样本。因为业务中的样本往往是海量的，所以全量样本训练需要的内存资源过多，而单样本训练容易导致较大的训练波动，所以在工业界通常都是采用批处理训练，每次读入一个 batch（1024 或者 2048 等）样本进行训练。针对任务的规模，分别采用分布式或者单机训练，海量的数据使用分布式训练，小规模数据使用单机训练。本章首先介绍单机的训练，第四部分会介绍分布式训练。

▶▶ 6.2.1 模型训练流程

模型的训练过程可以抽象为一个反馈调节的过程：随机初始化一个模型版本；取一个批次的样本在现有的模型版本上进行预估，根据预估的结果和真实标签的差异升级模型，得到一个新的模型版本；如此不断循环直到模型预估的效果符合预期。图 6-3 展示了一个模型训练的流程，模型训练的主要流程如下。

1）首先初始化模型，也就是模型三要素，即模型结构、损失函数和优化器。本文示例的模型配置在一个模型配置文件中，如下所示。

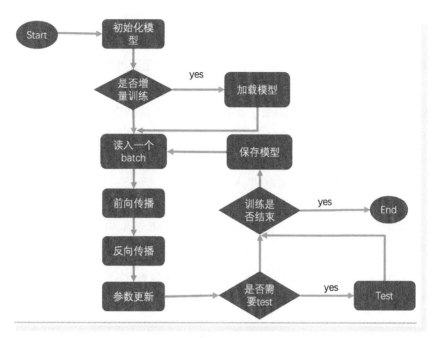

● 图 6-3 模型训练流程

```
[sparse_dict]
emb_dim=8

[net]
#fc,tanh,sigmoid,ReLU,softmax
layers=fc:64,tanh:-1,fc:1,sigmoid:-1
model=fnn

[loss]
#cross_entropy,mse,special_mse
loss=cross_entropy

[optimizer]
#adam,sgd,momentum,nesterov
optimizer=nesterov
learning_rate=0.01
[train]
epoch=1
batch_size=1024

[test]
batch_size=8196
```

其中，sparse_dict 部分指明了模型 embedding 词表相关的参数，emb_dim 是 embedding 的维度；net 部分指明了模型结构，layers 是网络每一层的配置，model 是网络的名字；loss 部分指明了损失函数的计算方法；optimizer 部分指明了采用的优化器种类以及学习率等超参数的设置；train 部分指明了训练阶段的轮次和 batch size；test 部分指明了 test 阶段的 batch size。

2）加载模型：如果要进行增量训练，则需要加载一个基准模型。使用基准模型对稀疏特征的 embedding 词典和网络结构参数进行初始化。模型文件的每一行存储了一个参数以及参数的值，网络参数的前缀为 "l_层号"，如第一层的第 i 个参数为 l_1_i，embedding 词表的 key 为特征值，如编号为 j 的稀疏特征，在保存时 key 为 j。

3）读取训练样本：因为样本规模可能很大，超过内存的大小，所以每次都是将一个 batch 的样本读入内存中，训练完后再读区下一个 batch。本书的代码中使用了 C++的 ifstream 来支持对训练数据的流式读取。

4）前向传播：因为每一个层都有可能将多个层的输入 concat 起来，所以在本层的前向传播之前，首先将输入汇集起来（gather_inputs），然后再进行前向传播（forward）。前向传播的代码如下所示。

```
void Network::forward(const Matrix& dense_input, const Matrix3D& sparse_input) {
  if (layers.empty())
    return;
  dense_layer->forward(dense_input);
  sparse_layer->forward(sparse_input);
  for (int i = 0; i < layers.size(); i++)
  {
    layers[i]->gather_inputs();
    layers[i]->forward();
  }
}
```

5）后向传播：计算模型每一层参数和特征 embedding 的梯度。因为输入可能由多个 layer 组成，在完成本层 layer 的梯度计算继续往前回传时，需要对回传梯度进行分割，分割功能在函数 split_grad_bottom 中实现。后向传播的代码如下所示。

```
void Network::backward(const Matrix& dense_input, const Matrix3D&
sparse_input, const Matrix& target) {
  int n_layer = layers.size();
  // 0 layer
  if (n_layer <= 0)
    return;
  // >= 1 layer
  loss->evaluate(layers[n_layer-1]->output(), target);
```

```
layers[n_layer-1]->set_grad_top(&(loss->back_gradient()));

for (int i = n_layer-1; i >= 0; i--)
{
  layers[i]->backward();
  layers[i]->split_grad_bottom();
}
sparse_layer->backward(sparse_input);
}
```

6）参数更新：基于后向传播生成的梯度，使用优化器对参数进行更新。模型中的参数主要包括两部分：神经网络层中的权重和偏差、embedding 词表。下面的代码示例了全连接层的梯度更新过程，分别更新 w 和 b，也就是 weight 和 bias。

```
void FullyConnected::update(Optimizer* opt) {
  Vector::AlignedMapType weight_vec(weight.data(), weight.size());
  Vector::AlignedMapType bias_vec(bias.data(), bias.size());
  Vector::ConstAlignedMapType grad_weight_vec(grad_weight.data(),
                                              grad_weight.size());
  Vector::ConstAlignedMapType grad_bias_vec(grad_bias.data(), grad_bias.size());

  opt->update(weight_vec, grad_weight_vec);
}
```

7）测试：如果训练过程达到了预置条件，如刚刚完成了一轮训练，则进行测试。

8）终止：如果完成了预置的轮数或者是 loss 等指标的变化不再明显，则终止训练过程。

9）保存模型：将稀疏特征的 embedding 词典和网络结构参数保存到模型中。

▶▶ 6.2.2　模型训练技巧

虽然 DNN 模型理论上来可以以任意精度拟合任意函数，但是在实际使用中仍然需要精心设计才能达到比较好的拟合效果，也就是模型训练效果。

提升模型的拟合效果是一个比较宏大的命题，可以从很多方面着手，在 6.5 节中会进行介绍。这里着重介绍一些会导致模型训练失败的问题，以及如何解决这些问题。

1. 梯度爆炸/梯度消失

表现出来的现象为模型的预测值为 NAN/INF，Loss 的值也是 NAN/INF。在模型训练的反向传播阶段，梯度的计算遵从链式法则。以一个具有两个网络层的 DNN 模型为例，如下面的公式所示。

$$y=f(g(x))$$

$$l = h(y, y')$$

$$\frac{\partial l}{\partial x} = \frac{\partial h}{\partial f} * \frac{\partial f}{\partial g} * \frac{\partial g}{\partial x}$$

其中，x 表示输入，g 表示第一层，f 表示第二层，y 表示输出，y' 表示真实标签，h 表示损失函数。

如果每一层的梯度都小于 1，那么随着网络层数的增加，梯度会迅速按照指数衰减的方式减少，这就是梯度消失；如果每一层的梯度都大于 1，那么随着网络层数的增加，梯度会迅速按照指数增长的方式增加，这就是梯度爆炸。

梯度消失和梯度爆炸是模型反向传播带来的固有问题，无法从根本上消除，目前常用的解决方案如下。

1）使用不易发生梯度消失/爆炸的激活函数，如 ReLU、Leaky ReLU 等。

2）使用 Batch Normalization 对输入进行归一化处理。

3）梯度截断，即将每一层计算出的梯度都收缩到一个区间内，从而避免出现特别大或者特别小的梯度。

2. 模型不收敛

表现出来的现象是 Loss 忽大忽小，不停地上下振荡，或者是 Loss 从训练开始就一直维持在一个高位。模型不收敛的原因有很多种：

1）样本存在错误，如标签设置不正确、数据不干净、存在异常值等，可以对样本的标签分布和生成逻辑等进行分析解决。

2）学习率设置过大，导致梯度下降时出现了颠簸，可以尝试减小一些学习率。

3）样本的标签方差太大，导致梯度颠簸，可以考虑对标签进行归一化处理。

3. 特征穿越

表现出来的现象是模型在离线的训练和测试效果中效果非常好，但是在线预测时效果却非常差。特征穿越通常都是因为某个特征中包含了标签的值所引起的，可以仔细检查特征的抽取结果以避免该问题。

6.3 模型预测

模型预测是指将离线训练好的模型加载到线上提供实时的模型预估服务。模型预估服务流程如图 6-4 所示，当业务系统发起模型预估请求时，首先按照模型所需的特征配置从在线特征平台中获取所需的特征，然后送入模型进行前向传播，即可获得模型打分，最后将模型打分回传给业务系统。

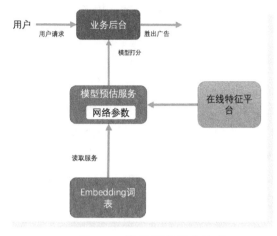

● 图 6-4 模型预估服务流程

线上的流量往往是海量的，所以模型预估服务通常由一个集群提供，并进行负载均衡。由于模型的参数文件可能很大，所以线上往往还需要进行内存优化。模型的参数可以分为两部分：一部分是 embedding 词表，这部分是模型文件的大头，往往可以达到数十 GB 乃至 TB 级别大小；另一部分是网络参数。为了节省内存，可以专门设置一个 embedding 服务进行 embedding 词表的读取，模型预估服务进程只需在内存中加载网络参数即可。在进行模型打分时，首先将相应的稀疏特征 embedding 从 embedding 服务中取出，然后再进行前向传播。

6.4 训练效果示例

在淘宝的展示广告点击率预估数据集上，本文示例的框架中总共抽取了 144 个特征，其中 user dense 特征 8 个、ad dense 特征 10 个、<user, ad>交叉 dense 特征 4 个、user sparse 特征 58 个、ad sparse 特征 9 个、<user, ad>交叉 sparse 特征 55 个，具体特征配置在 conf/features_v16. ini 中。

模型采用了单层 DNN 网络，采用 tanh 激活函数，稀疏特征 embedding 维度为 8 维，优化器采用 Nesterov，具体模型配置在 conf/fnn. ini 中。

数据集合中总共包括 5 月 6 日~13 日共 8 天的数据，其中 5 月 6 日~12 日 7 天的数据作为训练数据，5 月 13 日的数据作为测试数据。

淘宝展示广告点击率预估数据集的基准 AUC 是 0.622，采用上述训练参数，单机训练耗时 290 分钟，AUC 变为 0.662，绝对值提升了百分位 4 个点。在阿里的论文 "*Learning Piece-wise*

Linear Models from Large Scale Data for Ad Click Prediction" 中，使用 LS-PLM 在该数据集上的 Test AUC 位于 [0.66，0.665]，和本书训练出的模型效果相当。

6.5 模型优化

目前尚没有一个理论可以解决以下几个问题，即在给定的业务场景中，最佳的样本集合和特征体系是什么？最优的模型构建方案是什么？模型拟合效果的天花板是多少？所以在训练得到一个基础模型后，往往还需要进行不断的迭代优化，在样本、特征、模型构建、模型实时性等多个方面进行尝试。模型效果主要的优化方向如下。

1）更多的特征、更好的样本：样本和特征决定了模型拟合能力的上限，在线上最有效的提升模型效果的方式是加入更有区分度的特征，采用更加适合的样本集。

2）提升时效性：模型的时效性包括两个部分，即样本的实时性和实时特征。

- 样本的实时性是指样本回流到模型中的速度。互联网业务的变化是很快的，每天都会有大量的新 item（商品/广告/文章/视频等）上线，快速将这些新 item 的样本放到模型中训练，将极大地提高模型在这些新 item 上的预估准确度，本书的框架支持模型的增量训练，可以每天用过去 n 天的全量样本训练一个基准模型，然后每积累 X（如 10）分钟的样本进行增量训练。

- 实时特征是指能够实时反应用户或者 item 表现的特征，如 item 过去 1 个小时、24 个小时内的 show、click、ctr、cvr，用户过去 1 个小时点击过的 item 列表等。

3）参数调整：提高 embedding dim（主流使用 32 维）、加深网络层数、调整学习率和激活函数等。

4）调整网络结构：如使用 DeepFM 层或者 Attention 层等。

5）集成学习：通过构建并结合多个模型完成学习任务，常用的集成学习方法包括 Boosting 和 Bagging。

Boosting（提升法）通过在训练新模型实例时更注重先前模型错误分类的实例来增量构建集成模型。在使用 Boosting 法训练 DNN 模型时，首先使用全量样本集合训练一个 DNN 模型 a，然后对模型 a 拟合误差比较大的样本进行重采样训练 DNN 模型 b，持续若干次这个过程，直到模型训练指标符合预期。

Bagging（Bootstrap Aggregating）算法（装袋法）主要对样本训练集合进行随机化抽样，然后训练一个模型，通过反复的抽样训练新的模型，最终在多个模型的基础上取平均。在每次训练 DNN 模型时，除了样本集合，也可以对 DNN 模型的网络层数、embedding 维度、参数初始化方法、优化器等参数进行调整。

6.6 GPU 应用

近年来，随着互联网业务的爆发式增长以及检索匹配算法的发展，对于计算机硬件性能的要求也越来越高。GPU 因为其高超的并行处理能力，在模型的训练和预测环节展现出了无可比拟的性能优势，逐渐成为各大互联网公司核心业务核心算法模型的基础支撑硬件。

计算机中主要的计算设备包括两个：CPU 和 GPU。其中 CPU 为中央处理单元，基于低延迟的设计，主要用于通用计算；GPU 为图形处理单元，基于高吞吐量设计，主要用于专用计算。图 6-5 展示了计算机系统中两个最重要的计算单元，CPU 和 GPU 的结构。

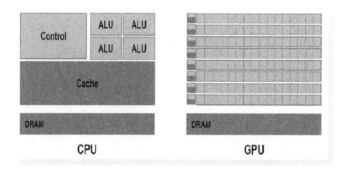

● 图 6-5　CPU 与 GPU 结构对比图

CPU 主要包含大量的存储单元和控制逻辑，可以执行很多复杂的指令，通用性强，但在大规模并行计算能力上很受限制，更擅长于逻辑控制；GPU 包含大量的计算单元并采用了超长流水线设计，非常适合进行大规模并行计算。在深度学习的模型中，模型的前向传播、反向传播和参数优化都涉及大量的矩阵计算，非常适合使用 GPU。

图 6-6 和图 6-7 展示了采用 CPU 和 GPU 进行图片深度神经网络推理速度和能效的对比。推理用的神经网络了采用了 GoogleNet，GoogleNet 是 2014 年 Google 提出的一种的图片深度学习结构，其主要创新点在于使用了 inception 结构，引入了 1×1 卷积并在多个尺寸上先进行卷积再聚合。推理对比的机器采用包括一种 CPU（Intel Broadwell E5-2690 V4）、两种 GPU（K80 和 P100）。其中，E5-2690 V4 主频为 2.60GHz，K80 包括 4992 个 NVIDIA CUDA 核心，P100 包括 3584 个 NVIDIA CUDA 核心。GPU 预测使用了 TensorRT 推理引擎，其中采用 K80 预测时模型参数使用了单精度（FP32：float32），采用 P100 预测时模型参数使用了半精度（FP16：float16）。

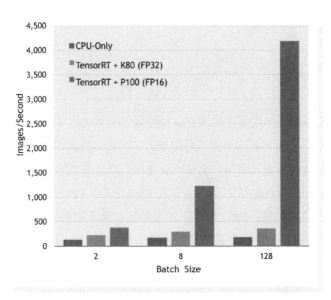

● 图 6-6　推理速度对比——CPU vs GPU

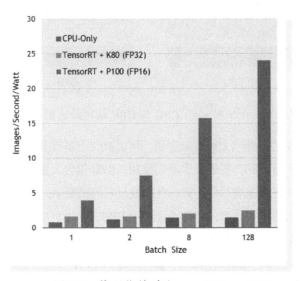

● 图 6-7　推理能效对比——CPU vs GPU

　　从图 6-6 和图 6-7 可以看出，从推理速度上来说，在 Batch Size 为 128 时，P100 的推理速度是 CPU 的 23 倍；从能效比上来说，在 Batch Size 为 128 时，P100 的能效比是 CPU 的 16 倍。

　　如果希望使用 GPU 进行模型训练和推理，需要加载针对性的软件包才能最大化发挥 GPU 的效能。图 6-8 展示了在使用 NVIDIA 的 GPU 进行模型训练和推理时所需要的软件栈。其中，cuDNN 是深度学习基础模块（如卷积、LSTM 等）加速库，NCCL 是一个实现多 GPU 的协同通信的库，cuBLAS 是矩阵运算库，cuSPARSE 是用于稀疏矩阵的基本线性代数库，TensorRT 是一个高性能的深度学习推理优化器，DeepStream SDK 是一个用于加速流视频分析的软件包。从应用的角度看，各种深度学习软件（如 TensorFlow、Pytorch、PaddlePaddle 等）已经集成了这些库，原生支持 GPU 机器学习，对算法工程师是透明的。算法工程师可以不必关注这些细节，直接调用相应的接口使用 GPU 进行模型训练和推理即可。

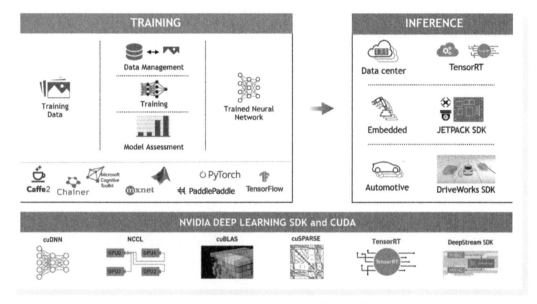

● 图 6-8　Nvidia GPU 深度学习软件栈

除了 GPU，很多公司还推出了专门用于机器学习模型训练和预测的硬件，如 Google 的 TPU。

6.7　小结

本章主要介绍了模型训练和预测的主要流程，并配套了代码帮助读者进行理解。至此，本部分依次介绍了标签拼接、特征抽取、模型训练和预测环节，一个完整的模型应用框架就完成了。

后续将从两个方面对框架进行扩展：

1）支持更复杂的网络模型结构：DNN 在实际业务中获得了广泛应用后，基于 DNN 演进而来的各种复杂网络结构如同雨后春笋一样涌现出来，其中一个典型代表就是双塔模型——DSSM（Deep Structured Semantic Model，深度结构化语义模型）。DLRM 是一个单塔模型，使用了大量的用户-商品交叉特征，拟合能力强，适合用于精排阶段的 CTR 和 CVR 预估，但是另一方面 DLRM 对计算能力的要求也比较高，所以在召回和粗排这种需要模型对大量（如几万到几十万）商品/广告/文章/视频打分的环节，实际业务中获得广泛应用的是双塔模型（DSSM）。

2）支持分布式训练：在一些大型的业务中，一天的样本是海量的，即使使用了 GPU，单机的训练时效性也是不足的。目前为止本书的框架还只能进行单机训练，因此有必要将模型改造成分布式训练，以提升训练效率。

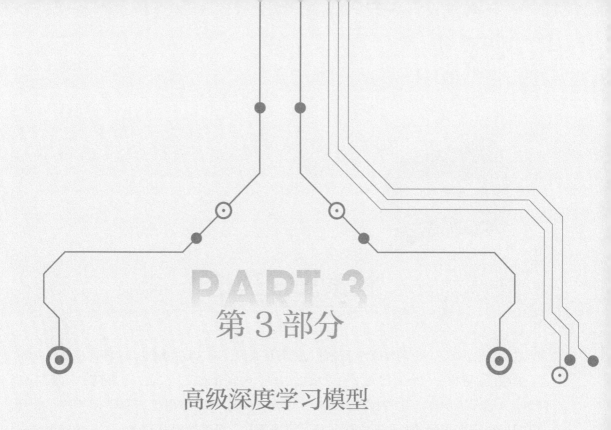

第 3 部分

高级深度学习模型

　　第 2 部分主要介绍了全连接神经网络 DLRM 的实现，DLRM 模型是 DNN 模型的一个基本实现。DNN 在互联网业务中得到应用之后，各种针对 DNN 模型结构的创新工作层出不穷，诞生了很多高级的深度学习模型。这些模型构思精巧，在业务中也得到了大规模应用，取得了良好的业务效果。本部分首先介绍互联网业务中检索匹配算法的基本思路和演进历史，以便更好地理解算法模型发展趋势和演进方向；然后介绍一个目前应用比较广泛的高级深度学习模型 DSSM。

学习视频 5-算法进阶–匹配算法分类　　　　　　　　　　学习视频 6-算法进阶–分阶段演进

检索算法理论

▶▶▶▶▶▶▶

前文提到，对于一个内容分发系统的检索算法来说，不管是在搜索、广告还是推荐业务中，其核心是寻找到一个函数 f，f 可以根据用户、内容（网页、广告、视频等）和上下文（时间、场景等）计算出用户对内容库每一个内容（item）的喜好程度。不同的业务中，由于业务目标的不同，对于喜好程度的衡量指标也有所不同，搜索中使用相关性、广告中使用点击率和转化率、推荐系统中使用浏览时长来衡量。

理想情况下，检索算法应当采用数学规划或者是深度网络等模型方法建模出匹配函数 f；当一个用户请求到来时，实时拉取用户的各项信息，并通过匹配函数 f 计算出用户对每一项 item 的喜好程度，最终将用户最喜欢的若干个 item 返回给用户。但是在实际的业务中，对于一个大型的检索算法系统来说，item 的数量是非常多的，而检索系统的实时性要求又很高。在规定的时间内，使用匹配函数 f 计算出用户对每一项 item 的喜好程度在性能上是不可接受的。所以，业务中往往是将检索算法分成召回、粗排、精排等多个阶段，采用多个相互协同的模型算法，从而进行效果和性能的平衡。

本章将在前文的基础上，进一步介绍检索算法的数学抽象，然后介绍检索算法的两种基本匹配思路——有表示匹配和无表示匹配，最后介绍如何进行内容理解和用户理解。整个检索算法的架构如图 7-1 所示，由下往上依次可以划分为数据、工具包、基本理解和匹配算法 4 层。主要的数据源包括内容库、用户的基本属性和业务中积累的用户行为日志，在数据源的基础上使用自然语处理、计算机视觉以及数据挖掘等手段对内容和用户进行理解，就形成了一个统一的特征体系，从而为最上层的匹配算法提供了基础。

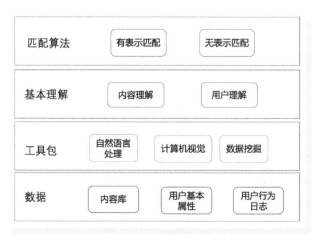

● 图 7-1　检索算法架构

7.1　检索算法抽象

在对检索算法进行数学抽象之前，首先回顾一下检索系统所面临的业务问题。以前文提到的用户商品喜好预估为例，如表 7-1 所示，假设现在已经收集了部分用户对部分商品的喜好，以及对应的特征。

表 7-1　用户-商品偏好数据

用户 \ 商品	P_1	P_2	···	P_n
U_1	1	—	1	—
U_2	—	1	0	—
⋮				
U_m	—	1	—	0

其中，U_1、U_2、···、U_m 表示用户，P_1、P_2、···P_n 表示商品，表格中的内容项表示喜好程度：0 表示不喜欢，1 表示喜欢，— 表示未知。检索算法的目标是利用已经收集到的喜好数据快速准确地预测用户对于没有表达过喜好意愿的商品的喜好程度。

检索问题也可以转化为数学问题，使用各种数学工具进行解决。一种方法是将检索算法转化成函数拟合问题，通过数学规划或者是深度神经网络拟合一个函数 f，f 输入是用户、商品和上下文等特征，输出用户对商品的喜好程度，这种方法可以称之为无表示匹配。

另一种方法是参考了解析几何。用户对商品的喜好程度是可以比较大小的，如用户 U 对商

品 $P1$ 的喜好程度为 0.6，对商品 $P2$ 的喜好程度为 0.8，那么可以认定用户 U 喜欢 $P2$ 商品的程度胜过 $P1$；如果用户 U 喜欢商品 $P1$ 超过商品 $P3$，那么可以得出结论，用户 U 喜欢商品 $P2$ 也超过商品 $P3$。从这里可以看出，用户对商品的偏好程度非常类似于在解析几何中的距离概念。可以通过商品偏好程度的大小来衡量用户对商品的偏好顺序，而在解析几何中，可以通过点之间的距离来衡量点之间的远近。那么自然而然可以想到，是否可以用一个几何空间中的点来表示用户或者是商品，用点之间的距离来表示用户对商品的喜好程度。答案是肯定的，这种方法可以称之为有表示匹配。在有表示匹配算法里，用户和商品都被映射成为一个几何空间上的点，用户点和商品点之间的距离越小，说明用户越是喜欢这个商品。

可以根据用户/商品的表示是否具有可解释性来将算法分成标签匹配和分布式表示匹配两大类。其中标签是人类可理解的，分布式表示不可理解。图 7-2 展示了匹配算法的分类。

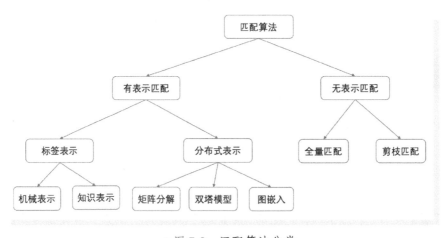

● 图 7-2　匹配算法分类

7.2　有表示匹配

如图 7-3 所示，有表示匹配的核心思想是将匹配的两端——用户和 item（如商品），首先映射到同一个几何空间中，然后根据空间中的距离运算来确定用户对 item 的喜好程度。

在有表示匹配算法中，按照表示的类型，可以分成两类：一类是基于标签的匹配；一类是基于分布式表示的匹配。标签一般指用户的属性、兴趣、搜索词等，如用户的性别、商品的品牌。标签是用户可以理解的，基于标签的匹配可解释性也较强。分布式表示一般指一个稠密向量，如 <0.12，−0.24，…，0.56> 等，分布式表示往往是取有监督学习或者是无监督学习模型的某一层输出，用户不容易理解其值，基于分布式表示的匹配可解释性较差。

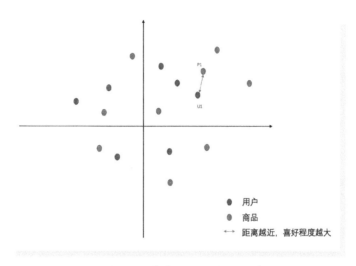

● 图 7-3　有表示匹配原理示意图

内含图例：
● 用户
● 商品
→ 距离越近，喜好程度越大

▶▶ 7.2.1　标签表示

在基于标签的表示中，用户和 item 往往会表示为一个个标签，采用 one hot 表示方法。以搜索为例，基于标签的表示主要包括 Term 表示和知识表示。

在搜索场景中，有表示匹配主要依赖于对 Query 和网页理解。如用户搜索"华为 OCE-AN10 怎么卖"，一种基本的标签表示方法就是将 Query 直接切词表示为一个个的 Term，如图 7-4 所示。

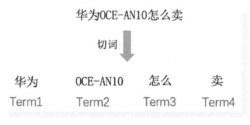

华为OCE-AN10怎么卖

切词

| 华为 | OCE-AN10 | 怎么 | 卖 |
| Term1 | Term2 | Term3 | Term4 |

● 图 7-4　搜索 Query 的切词表示

假设网页库中的 Term 总共有 10 万个，那么可以将 Query 的切词表示为一个 10 万维的 **bool** 向量，每个维度表示是否包含了某个 Term，如图 7-5 所示。

采用同样的方法，对网页也做类似的切词和向量化，就得到了网页向量化表示。Query 和网页完成向量化表示后，匹配的算法通常选用布尔匹配。布尔匹配的核心思想其实就是计算 Query 和网页的布尔向量中取值同时为 1 的维度个数，也就是共同包含的 Term 个数，如下公式所示, 其中 Q 表示 Query, D 表示网页, N 为相同 Term 的个数。

$$Score(Q,D) = \sum_{i}^{N} 1$$

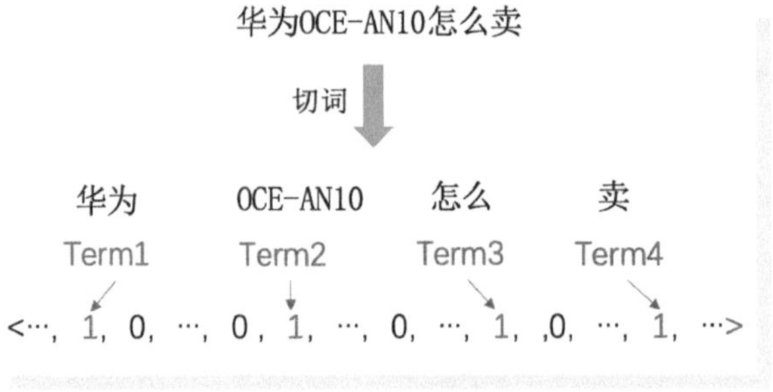

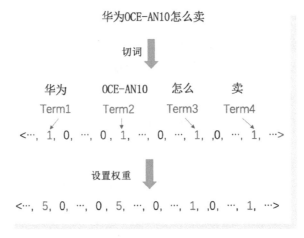

● 图 7-5　搜索 Query 的切词表示——向量化

在上述最基本的表示中, 每个 Term 的权重都是一样的。但是对于搜索者来说, 每个词对于搜索意图的表达不一样。"华为""OCE-AN10"显然比"怎么""卖"更能表达用户的意图。因此在进行用户意图表示时需要考虑不同 Term 对于用户意图表达的重要程度, 如图 7-6 所示。

● 图 7-6　搜索 Query 的 Term 表示——带权重

在对带权重的 Term 表示进行匹配的算法中, BM25 是最为经典的一个, 它不仅考虑了 Term 的权重, 还考虑了每个 Term 对文档的重要性以及对 Query 的重要性, 其计算公式如下。

$$Score(Q,D) = \sum_{i}^{N} W_i R(q_i,D) R(q_i,Q)$$

其中, Q 表示 Query, D 表示某个文档, q_i 表示 Query 中的单词。BM25 的打分 $Score(Q,D)$

由三部分组成：W_i 表示单词 q_i 的重要性，$R(q_i,D)$ 表示单词 q_i 和文档 D 的相似性，$R(q_i,Q)$ 表示单词 q_i 和 Query Q 的相似性。下面分别来看一下三个组成成分的计算方式。

1）单词 q_i 的重要性 W_i：W_i 一般使用 TF-IDF 表示方法。TF-IDF 是文本检索中常用的加权技术。TF 是词频（Term Frequency），表示一个文档中某个单词出现的频率。IDF 是逆文本频率指数（Inverse Document Frequency），表示在全部的文档中某个单词出现在文档中的比例。TF-IDF 的主要思想是如果某个词或短语在一篇文章中出现的频率 TF 高，并且在其他文章中很少出现，则认为此词或者短语具有很好的类别区分能力，适合用来分类。

$$W_i = IDF(q_i) = \log \frac{N}{tf_i}$$

其中，N 表示所有文档的个数，tf_i 表示包含单词 q_i 的文档个数。

2）单词 q_i 和文档 D 的相似性 $R(q_i,D)$：BM25 的一个重要设计思想是 q_i 在文档中的词频和 $<Q,D>$ 相关性之间的关系是非线性的。因此 $R(q_i,D)$ 的计算公式如下。

$$R(q_i,D) = \frac{(k_1+1)tf_{td}}{K+tf_{td}}$$

$$K = k_1\left(1-b+b*\frac{L_d}{L_{avg}}\right)$$

其中，tf_{td} 表示单词 q_i 在文档 D 中的词频；L_d 表示是文档 d 的单词总数；L_{avg} 表示所有文档的平均长度；k_1 和 b 是超参数，一般取值在 0 和 1 之间。k_1 用于调整 tf_{td} 的权重，当 $k_1=0$ 时，$R(q_i,D)=1$，不发生作用。b 用于调整文档长度的权重，当 $b=0$ 时，表示不考虑文档长度的影响。

3）单词 q_i 和 Query Q 的相似性 $R(q_i,Q)$：当 Query 比较长时，还需考虑单词 q_i 在 Query Q 中的重要性。$R(q_i,Q)$ 的计算公式如下。

$$R(q_i,Q) = \frac{(k_2+1)tf_{tq}}{k_2+tf_{tq}}$$

其中，tf_{tq} 表示单词 q_i 在 Query Q 中的词频；k_2 为超参数，用于调整 tf_{tq} 的权重，类似于 k_1。

因此，把三个组成成分的计算方法整合在一起，BM25 的完整打分公式为：

$$Score(Q,D) = \sum_i^N W_i R(q_i,D) R(q_i,Q) = \sum_i^N \log \frac{N}{tf_i} * \frac{(k_1+1)tf_{td}}{k_1\left(1-b+b*\dfrac{L_d}{L_{avg}}\right)+tf_{td}} * \frac{(k_2+1)tf_{tq}}{k_2+tf_{tq}}$$

不论是切词表示，还是带权重的表示，从本质上来讲，算法并不理解其中的含义，只是机械地将用户的 Query 切成一个个符号（Term），然后将网页同样视为一堆符号的集合，检查网页中是否出现了 Query 中所提到的符号，然后计算匹配分数。这种匹配方式是机械的、呆板的，非常不灵活。

那么有没有更加高级的、语义级别的匹配方式呢？首先来思考一下，如果让一个人来进行网页检索会怎么做：当用户输入"华为 OCE-AN10 怎么卖"时，人工匹配模块会发现"华为"是一家中国的 IT 行业公司，"华为 OCE-AN10"是华为 Mate 40 手机的型号，"怎么卖"大概率是想知道手机的价格，因此用户的意图可以理解为"华为品牌的、型号为 Mate40 的手机价格"；然后去网页或者商品库中检索对应型号的手机，以商品库检索为例，从商品库中筛选出所有类目为手机、品牌为华为、型号为 Mate40 的手机，优选若干条后，返回给用户。这是一个简略版本的人工匹配模式，其实当人工接收到"华为 OCE-AN10 怎么卖"这句话时，所联想的东西远比上面说得多，人工可能还会联想起华为手机的 Logo、Mate40 的手机照片等各种知识。

这种试图模仿人的知识体系和思维过程并对事物进行理解和推理的技术，目前比较常用的是知识图谱。知识图谱将知识体系分为实体和关系，如"华为"是一个实体，"Mate40"也是一个实体，Mate40 是华为的一个子型号，那么"华为"和"Mate40"之间就可以建立起一个<品牌、子型号>的关系。大量实体通过各种关系联系在一起，就构成了知识图谱。图 7-7 展示了一个商品知识图谱的示例，其中的实体包括产品、类目、品牌和属性，关系包括是否属于某个类目、是否属于某个品牌、是否具有某个属性等。

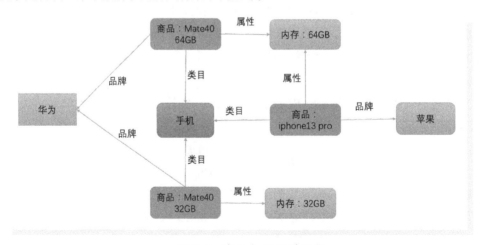

●图 7-7　商品知识图谱示例

使用知识图谱进行匹配有两种方法：一种是分别对 Query 和商品进行识别，然后进行匹配；另一种是商品直接挂在了知识图谱中，可以在对 Query 进行知识图谱识别的同时，将相关商品检索出来，如图 7-7 所示。在使用知识图谱对 Query 进行理解时，首先要识别 Query 中的实体，然后从知识图谱中进行推理，关联相关的核心实体（如类目），最后进行意图识别。示例 Query "华为 OCE-AN10 怎么卖"的知识图谱识别结果如图 7-8 所示。

● 图 7-8　Query 的知识理解示例

知识图谱存储了大量的知识，在为 Query "华为 OCE-AN10 怎么卖"提供华为 Mate40 商品的同时，还可以给出一系列的相关商品和知识，如华为 Mate40 支持哪些网络制式、华为品牌下面还有哪些系列的手机、和华为 Mate40 同价位的手机有哪些，从而为用户提供全方位的信息检索服务。

知识图谱是比 Term 更加高级的表示方式，也更加贴近人类的思考过程。但是目前尚没有高效统一的方法建设全行业知识图谱，在业界实用的知识图谱往往都是行业定制的。而且即使是行业定制的知识图谱，也需要进行大量的数据准备、实体标准、关系抽取、异常处理等工作，如图 7-9 所示。因此，往往只有在一些大型的业务中（如百度的搜索业务、淘宝的商品业务）才可以看到知识图谱的身影。

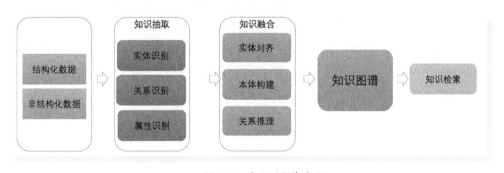

● 图 7-9　知识图谱建设

搜索系统注重对 Query 和 Item 的理解，而推荐系统注重对用户的理解，其标签体系往往包括用户的性别、年龄、地域、实时位置、商业兴趣等。用户的理解将在 7.5 节进行详细介绍。

▶▶7.2.2　分布式表示

相比于标签标识，在分布式表示中用户或者 item 往往表示为一个稠密向量，如<0.12，-0.24，…，0.56>等。分布式表示的生成方法主要有矩阵分解、双塔模型、图网络等。

矩阵分解是互联网业务中最早的应用分布式表示思想的应算法。从线性代数的理论出发，对于表 7-1 所示的用户商品偏好矩阵 Y (m, n)，存在两个子矩阵 U (m, k) 和 P (k, n)，Y 可以分解为 U 和 P 的乘积（见图 7-10），k 为超参数，表示子矩阵的维度。矩阵 U 的每一行和矩阵 P 的每一列即代表了用户和商品的分布式表示。

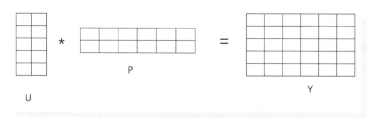

● 图 7-10 矩阵分解

矩阵分解仅仅使用后验数据对用户 ID 和商品 ID 进行了分布式表示，没有利用到用户的属性、商品的属性等信息，对<用户、商品>的行为交互等信息利用得也不充分。2013 年微软在论文 "Learning Deep Structured Semantic Models for Web Search using Clickthrough Data" 提出了 DSSM（深度结构化语义模型），DSSM 主要用于建模 Query 和文档的相关性，模型中充分使用了 Query 和文档的各种特征。

DSSM 采用的是有监督学习方式，模型的样本为相关性样本集合。DSSM 模型结构如图 7-11 所示，模型首先把 Query 和 Document 的词进行 Word 哈希，如 good 会变成<#go，goo，ood，od#>，然后经过一个多层神经网络生成 128 维的 Query Vector 和 Document Vector。Query Vector 和 Document Vector 计算 cos（距离）$R(Q, D_i)$，然后对这些 cos（距离）进行 Softmax，结果即为相关性打分。模型的学习目标是最大化正相关文档的相关性打分。

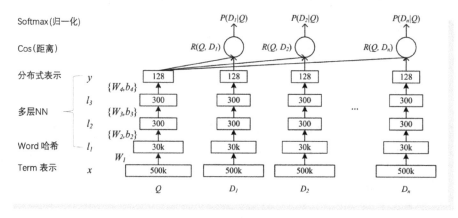

● 图 7-11 DSSM 模型结构

DSSM 可以利用 Query 子网络和 Document 子网络为 Query 和 Document 分别生成 Query Vector 和 Document Vector。随后这一思想被迅速发扬光大，将 Query 替换为 User，将 Document 替换为视频、广告、视频，类似的双塔模型就可被大规模使用在广告投放、商品检索、短视频推荐等各种业务系统中。

DSSM 通过有监督的方式得到用户或者 item 的分布式表示，而 GNN（Graph Neural Network，图神经网络）则是通过无监督的方式得到用户或者 item 的分布式表示。GNN 将用户、item 以及两者之间的关系连接成一个巨大的网络，然后将图的点映射成为一个低维的稠密向量（分布式表示），节点向量之间关系可以反映出图中节点之间的关系。图表示学习的原理如图 7-12 所示。

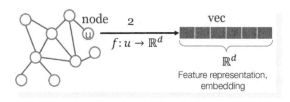

● 图 7-12　图表示学习

经典的图表示学习过程主要包括三步：

1）图的构造：将业务所涉及的用户和 item 收集起来，然后收集用户、item 之间的关系（如是否发生过点击）等，将有关系的用户和 item 之间连上边，形成图。

2）路径的选择：采用某种算法，如 DeepWalk（随机游走）的办法，从图中选择路径。如路径示为 U1-P1-U2-P4、U2-P5-U30-P2 等。

3）节点向量学习：采用类似于 Word2Vec 的方法从收集的路径中学习节点的分布式表示。表 7-2 展示了 Word2Vec 和 DeepWalk 的异同。

表 7-2　Word2Vec 和 DeepWalk 的异同

模　　型	目　　标	输　　入	输　　出
Word2Vec	词	句子	词嵌入
DeepWalk	节点	节点序列	节点嵌入

用户和 item 的分布式表示得到后，有两个主要用途：一是直接用来匹配用户和 item，通过距离的远近来判断用户对 item 的喜好程度，常用的距离计算方法有内积、余弦相似度、欧几里得距离等，实际业务中为了加速，常采用有损匹配的方法——ANN，该方法将在第 9 章进行介绍；二是将用户和 item 的 embedding 输入到无表示匹配中作为特征使用。

关于分布式表示主流算法的介绍基本完毕，这里提出一个问题供读者思考：用户的兴趣是多样的（如用户可能既喜欢电子游戏又喜欢多肉植物）、语言也是多义的（如北京既是一个城市名字又是一个汽车集团的名字)，那么采用一个单一的分布式表示是否足够表达这种多样性呢？分布式表示本质上是用一个点来刻画用户或者 item，那么是否可以用一个面或者是三维立体来刻画呢？二维的面或者三维的立体是不是可以更好地表达用户和 item 的多样性呢？类似的，主流的深度学习模型对于稀疏特征的用法是首先建模成一个一维的 embedding，那么可不可以建模成二维或者三维的呢？

7.3 无表示匹配

相比于有表示匹配，无表示匹配一般会直接把用户的特征、item 的特征以及<用户，item>的交叉特征直接送入一个模型中进行匹配。无表示学习直接略过了中间的表示环节，直接进行端到端的匹配。本书第 2 部分所演示的淘宝广告点击率模型即为无表示匹配。

有表示匹配一般匹配精度较低，但是匹配速度快，一般用在检索系统的召回和粗排环节；无表示匹配充分利用了用户和商品的各种特征（尤其交叉特征），匹配精度高，但是匹配速度较慢，多用在检索系统的精排环节。

近年来，伴随着检索系统的发展，对于各个环节的匹配效果要求也越来越高，无表示匹配方法也逐渐渗入到召回和粗排环节。因为召回和粗排阶段所面临的匹配项远多于精排，如果要在这两个环节中使用无表示学习，思路主要有两个：

1）减少匹配项的数量。

2）模型加速，提升匹配效率。

下面分别介绍这两种思路。

1. 减少匹配项

如何减少匹配项的数量呢？以商品推荐系统为例，大型的电商平台中商品的数量可达亿级。所有的商品都可以挂载到图 7-13 所示的一个类目层级树上。具有相同父节点的商品有同样的类目和品牌，可以利用商品之间的这种相似性来减少匹配项。如果用户不喜欢"手机"这个类目，那么用户同样不会喜欢"手机"下面的商品"华为 Mate40 64GB"和"华为 Mate40 32GB"。因此，在匹配时，可以按照商品类目的层级体系逐层进行 Beam Search 匹配，优先选出用户最喜欢的若干个一级类目，然后再挑选若干个最喜欢的二级类目，逐层向下，直到匹配出最喜欢的若干个商品为止。

商品类目体系可以认为是对商品进行了显式的语义聚类，还可以进行隐式的聚类。如阿里在 TDM（Tree-based Deep Model，基于树的深度匹配模型）工作中，利用基于深度神经网络构造的打分模型度量用户–商品偏好关系，利用树结构建模商品集合中的层次化关系，并基于最大堆性质利用在树节点上的正样本上溯+同层随机负采样实现对数时间的计算复杂度；在预测时，TDM 利用在树结构上的 Beam Search 进行局部检索及剪枝，以实现在对数时间内召回商品子集的目的。TDM 模型方案如图 7-14 所示。

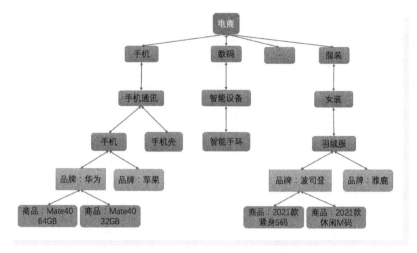

● 图 7-13　商品的类目层级体系

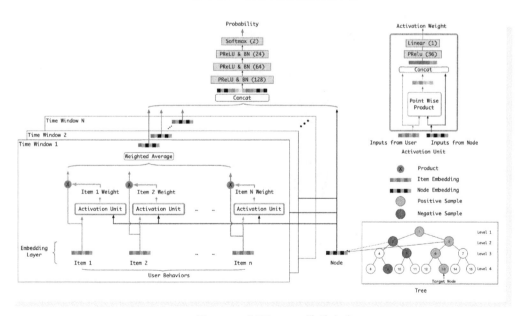

● 图 7-14　阿里 TDM 模型方案

2. 提升匹配速度

加速无表示学习匹配性能的另一个思路是提升单个匹配项的计算效率，主要方法如下。

1）模型结构优化。基于人工经验去设计一些具有相似功效的简单计算组件来替换原模型中的复杂计算组件，如使用 1×1 卷积核和 avg_pooling 替代全连接层，以减少参数。

2）模型剪枝。剔除不重要的参数和特征。

3）模型量化。通过减少表示每个权重参数所需的比特数来压缩原始网络，从而实现计算加速，如将模型的权重参数从 FP32 转换为 INT8，以及使用 INT8 进行推理。量化的加速主要得益于定点运算比浮点运算快，但从 FP32 量化为 INT8 会损失模型精度。

4）模型蒸馏。将大模型学习得到的知识作为先验，将先验知识传递到小规模的神经网络中，并在实际应用中部署小规模的神经网络。

5）算力优化。如采用 GPU 进行计算。

7.4 内容理解

无论是在有表示学习还是在无表示学习中，匹配算法的效果最大化都离不开对内容和用户的重要特质进行清晰准确的刻画。样本和特征决定了算法效果的上限，内容理解和用户理解的工作可以理解为最上层的匹配算法提供了特征体系。本节和下一节将主要介绍内容理解和用户理解。

以广告业务为例，广告的信息包括标题、相关图片和视频，图 7-15 展示了一个包括标题

● 图 7-15　广告示例

和图片的广告示例。内容理解的主要工作为从广告的信息中识别广告的行业、核心实体、品牌等。从媒体类型来看，内容主要包括文本、图片和视频三种类型。因为这三种媒体形式差异很大，所以需要使用不同的算法领域，文本使用自然语言处理，图片和视频使用计算机视觉处理。本书主要介绍如何对文本和图片进行理解。

7.4.1 自然语言处理

自然语言处理（Natural language processing，NLP）主要处理文本，主要包括四大类任务：序列标注，如分词和命名实体识别；分类任务，如文本分类；语句关系判断；生成式任务，如语言翻译、文本摘要、对话系统。

以命名实体识别为例，它可以协助从图 7-15 所示的商品标题中提取出商品的品牌和型号，如图 7-16 所示。

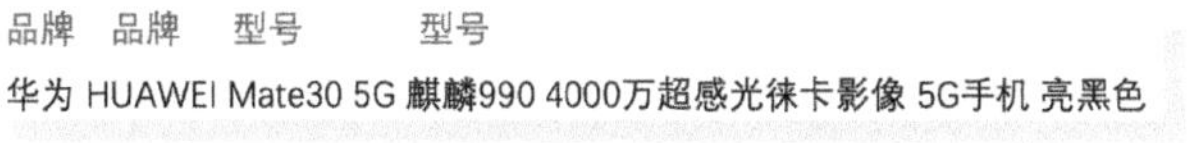

品牌 品牌 型号 型号
华为 HUAWEI Mate30 5G 麒麟990 4000万超感光徕卡影像 5G手机 亮黑色

图 7-16 商品标题命名实体识别

传统上命名实体识别采用有监督的方式进行学习，标注一批样本集，然后才用 BiLSTM-CRF（见图 7-17）等模型进行学习。

B–ORG
O
B–MISC
O
forward
backward
EU
rejects
German
call

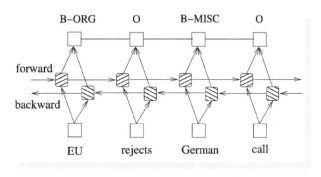

图 7-17 BiLSTM-CRF 模型

其他像文本分类等任务也是采用上述方法进行的，标注一批样本，然后设计一个模型结构进行模型训练。然而谷歌在 2018 年提出了 Bert 模型，深刻地改变了业界对自然语言处理任务的解决方式。

Bert 模型的基本思路参考了 Word2Vec 模型。Word2Vec 模型是一个基于深度神经网络的语言模型，语言模型主要用来判断一句话存在的概率。

Word2Vec 模型训练集是谷歌新闻，包括 7.83 亿个单词。训练集可以看作是大量的文本，每条文本都有若干个词组成。如图 7-18 所示，Word2Vec 支持两种训练模式：CBOW 模式和 Skip_gram 模式。以一句文本 "小明 爱 吃 苹果" 为例，CBOW 模式是使用词语上下文预测词语，也就是用 "小明 爱 [ ] 苹果" 预测括号中的词语是 "吃"；而 Skip_gram 模式则是用某个词语预测其上下文，用刚才的例子来说，就是用 "吃" 来预测 "小明 爱 [ ] 苹果"。

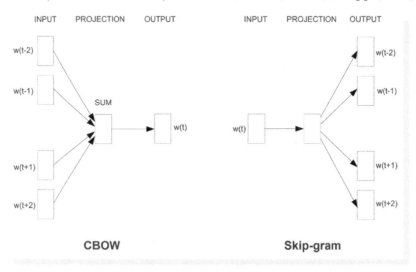

● 图 7-18　Word2Vec 模型-CBOW 与 Skip_gram 模式

词向量是 Word2Vec 的副产品。词向量具有很多奇妙的性质，如 France-Paris 的词向量等于 Italy-Rome 的词向量，更多类似的示例可以参看图 7-19。

Relationship	Example 1	Example 2	Example 3
France - Paris	Italy: Rome	Japan: Tokyo	Florida: Tallahassee
big - bigger	small: larger	cold: colder	quick: quicker
Miami - Florida	Baltimore: Maryland	Dallas: Texas	Kona: Hawaii
Einstein - scientist	Messi: midfielder	Mozart: violinist	Picasso: painter
Sarkozy - France	Berlusconi: Italy	Merkel: Germany	Koizumi: Japan
copper - Cu	zinc: Zn	gold: Au	uranium: plutonium
Berlusconi - Silvio	Sarkozy: Nicolas	Putin: Medvedev	Obama: Barack
Microsoft - Windows	Google: Android	IBM: Linux	Apple: iPhone
Microsoft - Ballmer	Google: Yahoo	IBM: McNealy	Apple: Jobs
Japan - sushi	Germany: bratwurst	France: tapas	USA: pizza

● 图 7-19　Word2Vec 中词语对关系示例

可以认为，Word2Vec 生成的词向量反映了词的语义。Word2Vec 词向量的这种性质使其成了很多自然语言处理任务的输入，并帮助这些任务提升了效果。Word2Vec 模型的出现说明了一种可能，即可以先用大量的文本语料训练通用的语言模型，然后在通用语言模型的基础上，针对具体的 NLP 任务，使用样本进行训练（Fine Tuning），最后应用在相应的 NLP 任务中。

Bert 的出现证明了上述猜想。Bert 在 Word2Vec 的基础上做了进一步创新：

1）采用 Transformer 结构。

2）预训练包括两个任务：一是 MLM 训练，随机屏蔽掉部分 token 进行预测；二是下一句预测。

3）更大的训练集。Bert 的训练集包括 BooksCorpus（含 8 亿单词）和 English Wikipedia（含 25 亿单词）。图 7-20 展示了 Bert 的训练流程。

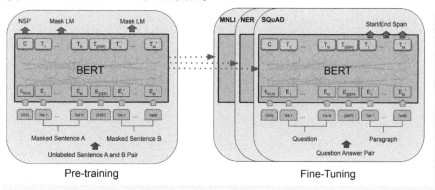

● 图 7-20　Bert 训练流程

Bert 在 11 个 NLP 领域的任务上都刷新了以往的记录，充分证明了预训练思想的成功，然后被迅速应用到业界的各个自然语言处理的任务中。Bert 的成功带动了对语言模型预训练研究的热潮，后续又有很多经典的工作模型，如具有 1750 亿参数、号称史上最大 AI 模型的 GPT-3 以及百度的文心。

▶▶ 7.4.2　计算机视觉

目前互联网上大量的内容都是以图片形式呈现的，因此对图片进行理解也成了检索算法的一项重要工作。图片理解基于计算机视觉技术，计算机视觉的四大基本任务包括：

1）图像分类，为输入图像分配类别标签。

2）目标检测，用框标出物体的位置并给出物体的类别。

3）目标跟踪，在视频中对某一物体进行连续标识。

4）图像分割，将图像细分为多个图像子区域。

和自然语言处理类似，预训练也是计算机视觉领域的常规做法。一个常用的计算机视觉预训练模型为 ResNet，其训练集为 ImageNet。

ImageNet 项目是一个大型图像分类数据库，用于计算机视觉的目标识别算法研究。该项目包括 1400 多万张图像，2 万多个典型分类，例如"气球"或"草莓"，每一类包含数百张图像。2010 年以来，ImageNet 项目每年举办一次算法竞赛，即 ImageNet 大规模计算机视觉识别挑战赛（ILSVRC）。挑战赛的重要内容就是比赛图片分类的准确性。2015 年，ResNet 模型获得了 ILSVRC 的冠军，并刷新了纪录。

ResNet 基于 VCG19 网络发展而来，并在其中加上了残差网络。VCG19 包括 16 个卷积层和 3 个全连接层，其中的卷积核大小均为 3×3，如图 7-21 左图所示。

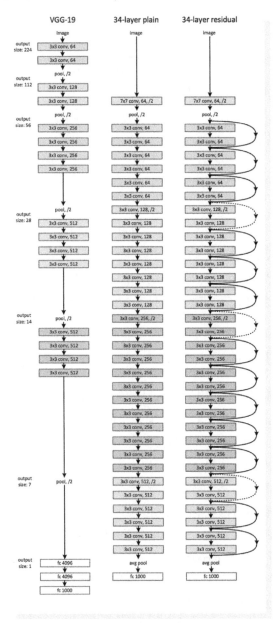

● 图 7-21 VCG19 （左）、不包括残差的 34 层网络 （中）、包括残差的 34 层网络 （右）

理论上来讲，加深网络的深度，可以提取更加复杂的特征模式。但是因为梯度消失/梯度爆炸的问题，随着网络层数的训练，模型的拟合能力反而出现了下降。为了解决这一问题，ResNet 的作者何恺明提出了残差网络概念。残差网络的结构如图 **7-22** 所示，简单来说，在普通的 DNN 网络中，第 l 层输出只作为 $l+1$ 层的输入，而在残差网络中 l 层的输出还会作为 $l+2$ 层的输入。

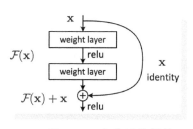

● 图 7-22　残差网络模块

因为残差网络的存在，梯度信号可以通过残差网络提供的快捷通道回传到更早的层，从而极大降低了训练深层神经网络的难度。ResNet 可以训练到 152 层。图 7-21 展示了一个不包括残差的 34 层网络（中）和一个包括残差的 34 层网络（右）。

▶▶ 7.4.3　一点思考

迄今为止，在业内运用成功的模型大多数都是针对某个场景上的某个任务，采用特定的训练集和特征体系定制生成的，很难推广到其他的任务上去。如一个商品推荐系统的点击率预估模型很难应用在商品名的实体识别上。

知识图谱和预训练是目前两条比较有实际应用价值的统一建模方案。它们都试图从一个很大很丰富的语料库中学习到客观世界固有的、不依赖任何特定应用的知识，如华为 Mate40 是华为手机的一个高端型号、华为 Mate40 和华为的关系类似于苹果 13 和苹果的关系等。

知识图谱试图将客观世界所有的实体和实体之间的关系建立成一个庞大完善的网络，然后使用这个网络去解决业务应用中的各种问题。而预训练则是通过将语料库灌入一个模型进行训练的方式，得到了一个泛化性较好的模型，然后通过 fine_tuning 的方式去解决各个特定的任务。可以认为预训练将客观知识学到了模型中。

类似于我们将有表示的匹配分成了标签表示和分布式表示。知识图谱是可解释的，类似于标签表示；预训练得到的模型是不可解释的，类似于分布式表示。

那么有没有一种方法将知识图谱和预训练的思路结合起来，从而更好地解决统一建模问题呢？感兴趣的读者可以思考一下这个问题。

7.5 用户理解

顾名思义，内容理解的主要工作是理解检索系统的中的内容（网页、商品、广告、短视频等），那么用户理解的主要工作就是理解用户，建设体系化的用户标签，包括用户的基础属性、使用习惯、兴趣偏好和用户的商业喜好等。用户的标签建设和业务息息相关，如在商品推荐系统中，用户的兴趣偏好标签和商品的类目、品牌、价格层次等相关。而在短视频推荐系统中，用户的兴趣偏好标签则和短视频类型、时长、作者等相关。表 7-3 展示了一个用户标签体系示例。

表 7-3 用户标签体系示例

一级标签	二级标签	标签类型
id	userid	事实标签
人口属性	性别	事实标签
	年龄	事实标签
	常住地	事实标签
用户画像	是否已婚	模型标签
	是否有娃	模型标签
	是否有车	模型标签
	是否有房	模型标签
	学历	模型标签
	收入	模型标签
设备属性	设备类型	事实标签
	设备品牌	事实标签
	设备价格	事实标签
网络属性	网络类型	事实标签
	上网习惯	模型标签
商业属性	类目偏好	模型标签
	品牌偏好	模型标签
	消费层次	模型标签
	支付习惯	模型标签

用户标签体系中的标签一部分来自于数据收集，如用户的年龄等事实标签，另一部分来自于用户的行为记录，通过数据挖掘得来，如类目偏好、支付习惯等模型标签。

匹配算法对于用户行为的数据使用有两种思路：按照上述办法提取标签，然后作为匹配算法的特征；将用户的行为历史直接送入模型，正如阿里一系列旨在挖掘用户行为序列的模型（DIN/DIEN/MIMN/SIM 等）一样。

7.6 小结

搜索、广告、推荐等检索业务作为互联网公司的核心，在最近几年机器学习迅速发展的加成下，业务中的匹配算法得到了长足的进步，各种创新层出不穷。但是在追踪学术界和业界前沿进展的同时，我们也需要不时地跳出来，回顾总结一下匹配算法整体的思路和方法论，以防止迷失在漫无边际的细节中，从而更好地把握匹配算法的发展逻辑。

虽然不是所有的学科都像古典欧几里得几何或者电磁学那么优美（在欧几里得几何中只需要寥寥几条定义和公理，配合归纳法、反证法等演绎逻辑，就可以推导出平面几何和立体几何；在电磁学中，一个麦克斯韦方程组以近乎完美的方式统一了电和磁），但是追求简洁统一的理论基础和方法论是每个学科共同的目标，机器学习和检索算法也不例外。

本章尝试对匹配算法进行总结，将匹配算法分成了有表示匹配和无表示匹配，其中有表示匹配包括标签匹配和分布式表示匹配。在介绍了匹配算法之后，还介绍了匹配算法的基础——内容理解和用户理解。内容理解和用户理解为匹配算法提供了特征体系，是检索系统算法提升的关键。

希望本章介绍的内容能引起读者对匹配算方法论的思考，帮助读者理解匹配算法的基础思想，更好地把握业务算法的发展方向。

检索算法演进

机器学习的研究起自 20 世纪 50 年代，在计算机被发明之后，人们便尝试用机器进行学习，模仿人类的学习过程进行观察、总结、推理等。随后，各种机器学习算法被发明出来（决策树、SVD、神经网络等），并在游戏博弈、图像识别等很多领域证明了其价值。到了 20 世纪 90 年代，消费互联网兴起，机器学习开始大规模应用于新闻推荐、信息搜索、电子商务等行业中。这个阶段，一个大规模的检索系统，在召回阶段往往采用协同过滤，在排序阶段采用 LR（Logistic Regression）或 GBDT。2010 年以后，随着计算机处理能力的进步以及用户数据的大规模积累，DNN 展示出了相比于其他机器学习方法的巨大优势，无论是搜索、广告还是推荐系统，其后台检索系统各个阶段的算法均全面切换为 DNN。与此同时，学术界和工业界也基于 DNN 发明了各种高级的深度学习结构，并获得了大规模应用。

本章节首先介绍前深度学习时代的各种机器学习算法，如 LR、决策树、协同过滤等，这些算法虽然在今天应用的频率变低了，但是其中的算法思想和 DNN 是一脉相承的，对于深度学习时代的算法演进具有很大的参考意义；然后介绍深度学习时代，算法在检索的各个阶段（召回、粗排、精排）的演进历史，这些算法在当前互联网核心业务中发挥着不可替代的作用，希望能够帮助读者对于互联网行业当前的算法应用现状有一个较为全面的了解。

8.1 前深度学习时代

回顾一下在 2.3 节中对业务的建模，检索系统算法的主要工作是预测用户对某项内容的喜好程度，也就是拟合函数 $f(u,p)$，u 表示用户，p 表示候选 item，f 的结果为用户 u 对 item p 的喜好程度。在深度学习没有出现以前，工业界比较常用的机器学习算法包括 LR、决策树、协同过滤、MF 等，其中 LR、决策树、MF 都是直接拟合 f，协同过滤不直接拟合 f，而是通过寻找相似用户或相似 item 的方式进行推荐。这些方法各有各的优缺点，在很多领域取得了不同程度的成功。下面简单介绍一下这几种方法。

▶▶ 8.1.1　LR

LR 又称逻辑回归，使用一个 Sigmoid 函数来拟合 f。函数形式如下。

$$f(x) = 1/(1+e^{-wx+b})$$

其中，x 为影响用户内容喜好的特征集，w 为权重向量，b 为偏置。

LR 模型的学习属于有监督学习，其样本集合中包括由稠密特征、稀疏特征构成的特征体系和标签，LR 模型的学习方法如下。

1）采用随机方法初始化矩阵 w 和 b。

2）计算 $f(x)$。

3）通过预测值 $f(x)$ 和标签值之间的差来计算 loss。

4）根据步骤 3）中的 loss 计算梯度。

5）根据梯度更新 w 和 b。

6）如果迭代达到一定的轮数或者 loss 的降幅较小，则停止迭代；否则，返回第 2）步。

如图 8-1 所示，LR 模型可以视为只包含一个输出节点、没有隐层、稀疏特征 embedding 为 1 维的神经网络模型，其实现简单，计算速度快，但是容易欠拟合，准确率低。

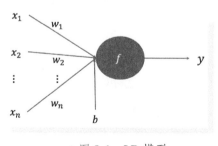

● 图 8-1　LR 模型

▶▶ 8.1.2　决策树

决策树是一种采用树结构来拟合 f 的方法。决策树的决策过程非常类似于人的思维过程，图 8-2 示例了如何用决策树判断一个用户是否对奶粉有购买意愿。

决策树的学习也属于有监督的学习。假设收集了 14 位用户的奶粉购买意愿，对这些用户应用决策树算法生成了一个颗决策树（见图 8-2）。如果来了一个新用户（该用户年纪 18 岁、性别女），那么此新用户想买奶粉的概率是 2/（2+1）= 66.7%。

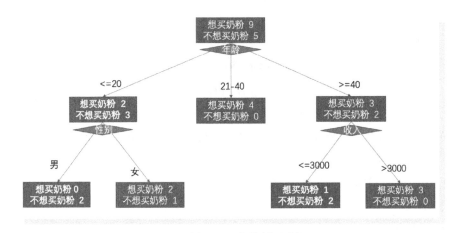

● 图 8-2　决策树示例

经典的决策树在构造的过程中会用到信息熵和条件熵这两个重要的信息论工具。

假设<X，Y>为二维离散分布。Y 的信息熵计算公式如下。

$$I(Y) = - \sum_{j=1}^{n} p(y_j) \log p(y_j)$$

熵是用来衡量概率分布的确定性，当 p 中每个概率值都相同（皆为 $1/n$）时，不确定性最大，熵也最大；当 p 中有一个概率值为 1，其他概率值为 0 时，熵最小（为 0），此时没有任何不确定性可言。

条件熵计算公式如下：

$$H(Y \mid X) = - \sum_{i=1,j=1}^{m,n} p(x_i,y_j) \log \frac{p(x_i,y_j)}{p(x_i)}$$

$H(Y|X)$ 表示当 X 的取值已知时，Y 的熵。$I(Y)-H(Y|X)$ 即为 X 对 Y 的信息增益，也就是当 X 确定时，Y 的不确定性降低了多少。

如果将奶粉购买意图 Y 和用户的年龄（X_1）、性别（X_2）、…、收入（X_m）等因素看作是一个概率分布，决策树的构造过程就是不断选取带来最大信息增益的因素，降低 Y 不确定性的过程。具体构造流程如下。

1）初始化一颗空树。

2）遍历每一个决策因素 X（for X in $[X_1, X_2, \cdots, X_m]$），计算该决策因素 X 对 Y 的信息增益。

3）选取带来最大信息增益的决策因素X_i。

4）基于X_i的值对树进行分裂。

5）如果树的深度达到了一定规模，或者信息增益小于某个阈值，停止；否则，返回第2)步。

除了信息增益，还可以使用信息增益率、基尼系数等对决策树节点进行分裂。

决策树有一个较为著名的变种 CART TREE（也就是分类回归树），既可以用来分类，又可以用来回归。分类回归树是二叉树，每个节点最多只能有两个子节点。当数据集的因变量是离散值时，可以采用 CART 分类树进行拟合，节点的分裂采用基尼系数，用叶节点概率最大的类别作为该节点的预测类别。当数据集的因变量是连续值时，可以采用 CART 回归树进行拟合，节点的分裂采用残差平方和，用叶节点的均值作为该节点预测值。

决策树的优点显而易见，可解释性很强，在很多业务中获得了广泛应用，但是决策树不能很好地建模影响因素之间的非线性关系。实际业务中往往基于决策树进行集成学习，如 GBDT（Gradient Boosting Decision Tree，梯度提升迭代决策树）和随机森林。

GBDT 采用了 boosting 思想，如图 8-3 所示。GBDT 通过多轮迭代，每轮迭代产生一个弱分类器，每个分类器在上一轮分类器的残差基础上进行训练。弱分类器一般会选择为分类回归树。在预测时，多个弱分类器的结果进行加和。

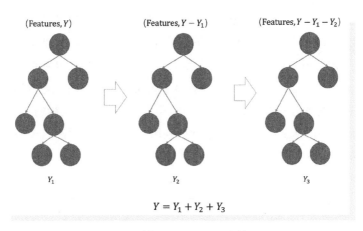

$$Y = Y_1 + Y_2 + Y_3$$

● 图 8-3　GBDT 示例

随机森林采用了 bagging 思想，如图 8-4 所示，随机森林反复从整体样本中随机抽样并训练弱分类器，训练了多个弱分类器。多个弱分类器的结果进行平均，即为最终的预测结果。随机森林的弱分类器一般也会选择为分类回归树。

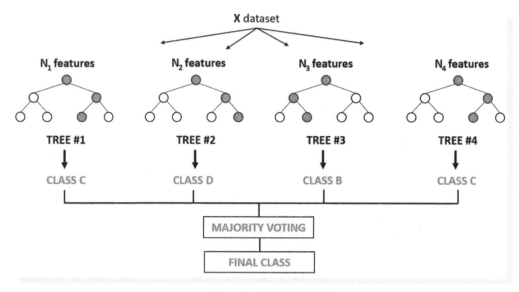

● 图 8-4　随机森林示例

▶▶ 8.1.3　协同过滤

协同过滤（Collaborative Filtering）通过分析用户或者事物之间的相似性（"协同"）来预测用户可能感兴趣的内容，并将此内容推荐给用户。这里的相似性可以是人口特征（性别、年龄、居住地等）的相似性，也可以是历史浏览内容的相似性（比如都关注过和美食相关的内容），还可以是用户的行为反馈（比如都对华为手机给了五星好评）。假设用户 A 和 B 都是居住在北京的年龄在 20~30 岁的女性，并且都关注过化妆品和衣物相关的内容。这种情况下，协同过滤会认为 A 和 B 相似程度很高，于是把 A 关注 B 没有关注的内容推荐给 B，反之亦然。

协同过滤首先会收集用户/item 打分表（打分可以是用户主动进行的，也可以是通过用户的点击、购买、评论等行为逆向推算的），然后利用已知的打分项预测未知的打分项。表 8-1 展示了一个电子商务系统中的打分示例。

表 8-1　用户–商品偏好示例

用户 \ 商品	P_1	P_2	...	P_n
U_1	1	—	1	—
U_2	—	1	0	—
⋮				
U_m	—	1	—	0

其中，U_1、U_2、$\cdots$、U_m分别代表 m 个用户，P_1、P_2、$\cdots$、P_n分别代表 n 个商品，1 代表用户喜欢该商品，0 表示用户不喜欢该商品，—表示不知道用户是否喜欢该商品。

协同过滤包括基于记忆的协同过滤和基于模型的协同过滤。其中基于记忆的协同过滤包括基于用户的协同过滤、基于 item 的协同过滤。

基于记忆的协同过滤主要通过计算用户历史行为、物品历史评价来计算用户间的相似度以及物品间的相似度，当用户访问某个商品时，推荐给用户相似用户喜欢的商品（基于用户的协同过滤）或者当前商品的相似商品（基于商品的协同过滤）。以模型为基础的协同过滤（Model-based Collaborative Filtering）则是先用已经有的打分项得到一个模型，再用此模型进行预测未知的打分项。基于模型的协同过滤算法中使用到的模型包括矩阵分解、神经网络等。本小节主要介绍基于用户和基于 item 的协同过滤。

用相似统计的方法得到具有相似爱好或者兴趣的相邻用户，所以称之为基于用户的协同过滤。方法步骤如下。

1）收集用户信息：收集可以代表用户兴趣的信息，通常为用户商品打分信息。

2）最近邻搜索（Nearest Neighbor Search，NNS）：以用户为基础（User-based）的协同过滤的出发点是与用户兴趣爱好相同的另一组用户，就是计算两个用户的相似度。例如，查找 n 个和 A 有相似兴趣用户，把他们对 M 的评分作为 A 对 M 的评分预测。一般会根据资料的不同选择不同的算法，目前较多使用的相似度算法有皮尔逊相关性系数、余弦相似度等。

3）产生推荐结果：有了最近邻集合，就可以对目标用户的兴趣进行预测，产生推荐结果。依据推荐目的的不同进行不同形式的推荐，较常见的推荐结果有 Top-N 推荐和关系推荐。Top-N 推荐是针对个体用户产生，对每个人产生不一样的结果。例如，透过对 A 用户的最近邻用户进行统计，选择出现频率高且在 A 用户的评分项目中不存在的，作为推荐结果；关系推荐是对最近邻用户的记录进行关系规则（Association Rules）挖掘。

基于用户的协同过滤在用户总数较多的情况下会导致漫长的计算时间。在 2001 年，Sarwar 提出了基于 item 的协同过滤。该技术所依据的基本假设是"能够引起用户兴趣的项目，必定与其之前评分高的项目相似"，即通过计算项目之间的相似性来代替计算用户之间的相似性。方法步骤如下。

1）收集用户信息：收集可以代表用户兴趣的信息，通常为用户商品打分信息，这一步和以用户为基础（User-based）的协同过滤相同。

2）针对 item 的最近邻搜索：先计算已评价项目和待预测项目的相似度，并以相似度作为权重，加权各自评价项目的分数，得到待预测项目的预测值。例如，要对项目 A 和项目 B 进行相似性计算，要先找出同时对 A 和 B 打过分的组合，对这些组合进行相似度计算，常用的算法为 Pearson Correlation Coefficient、Cosine-based Similarity、Adjusted Cosine Similarity。相似度计算方法和以用户为基础（User-based）的协同过滤相同。

3）产生推荐结果：这一步和以用户为基础（User-based）的协同过滤类似。

以 item 为基础的协同过滤不用考虑用户间的差别，所以精度比较差，但是在使用时却不需要用户的历史行为信息或是进行用户识别。对于 item 来讲，它们之间的相似性要稳定很多，因此可以离线完成工作量最大的相似性计算步骤，从而降低了在线计算量，提高了推荐效率，尤其是在用户数量远多于 item 的情形下，效果尤为显著。

图 8-5 展示了基于用户的协同过滤和基于 item 的协同过滤之间的区别。图 8-5a 演示了基于用户的协同过滤的工作流程，Tim 和 John 都喜欢巧克力和圆筒冰淇淋，所以 Tim 和 John 是相似用户。由于 Tim 还喜欢花瓣冰淇淋和甜甜圈，John 大概率也是喜欢的，所以推荐花瓣冰淇淋和甜甜圈给 John。

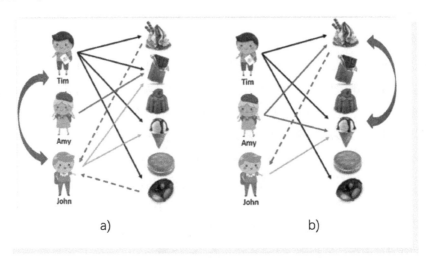

● 图 8-5 基于用户的协同过滤 vs 基于 item 的协同过滤

图 8-5b 演示了基于 item 的协同过滤的工作流程。花瓣冰淇淋和圆筒冰淇淋同时被 Tim 和 Army 喜欢，所以花瓣冰淇淋和圆筒冰淇淋是相似商品。John 喜欢圆筒冰淇淋，而圆筒冰淇淋和花瓣冰淇淋是相似商品，所以推荐花瓣冰淇淋给 John。

▶▶ 8.1.4 MF

MF（Matrix Factorization，矩阵分解）是一个大的算法家族，大名鼎鼎的 svd 和 svd++ 都是其成员。下面介绍一下基本的 MF 算法，以方便读者了解其原理。

同协同过滤类似，MF 面临的问题如下。

通过用户的行为数据收集了部分用户对部分商品的喜好，如何通过用户已知的商品偏好来预测出用户未知的商品偏好？（见表 8-1）。

在线性代数中，有一个工具叫作矩阵恢复。对于表 8-1 所示矩阵 Y (m, n)，存在两个子矩阵 U (m, k) 和 P (k, n)，Y 可以分解为 U 和 P 的乘积，k 为超参数，表示子矩阵的维度。

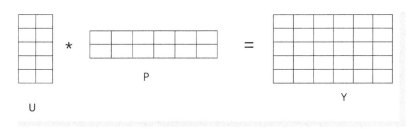

● 图 8-6　矩阵分解

求解 U 和 P，可以采用经典的数值方法，不断逼近最优解。具体过程如下。

1）采用随机方法初始化矩阵 U 和 P。

2）使用 U 和 P 计算成绩 Y'。

3）通过 Y 和 Y' 之间的差，计算 loss。

4）根据步骤 3）中的 loss 计算梯度。

5）根据梯度更新 U 和 P。

6）如果迭代达到一定的轮数或者 loss 的降幅较小，则停止迭代；否则，返回第 2）步。

在解出 U 和 P 后，即可算出 Y 中的未知项。

矩阵分解是推荐系统中运用最广泛的协同过滤模型。在现实世界中，用户的偏好矩阵 Y 是非常稀疏的（大部分项都是未知），所以后续又演进出了各种版本进行优化。

MF 首次使用了分布式表示，这是划时代的进步。在传统的机器学习系统中，当需要对用户或者商品进行建模时，往往使用 one hot 表示。如对于一个山东省的女性学生用户，其 one hot 表示为 <0，1，1，……>，其中第一项表示是不是男性，第二项表示是不是学生，第三项表示居住地是不是山东省等。而在 MF 中，使用了一个 k 维的稠密向量来表示用户和商品。如最终求解出的子矩阵 U 中的第 i 行，其表示如下。

<0.23798，-0.10587，0.87693，0.51836……>

这就是用户 U_i 的分布式表示。

在将用户和商品转变成一个 k 维空间的点后，可以利用这种几何性质做很多事情。例如，用户之间的相似程度可以用他们分布式表示的几何距离来定，距离越近，用户越相似。如果大家了解 word2vec，会发现 word2vec 也是将每一个 word 变成了一个分布式表示，最后求解出来的向量具有非常奇妙的性质。而 DNN 则将分布式表示发扬光大了，DNN 模型的第一步就是将每个特征采用一个稠密向量进行表示，然后再输出给模型。

▶▶ 8.1.5 算法应用

在前深度学习时代，网民的数量并没有今天这么多，内容供给的规模也相对有限。因此检索系统往往简单分成召回和排序两个阶段。

在召回阶段，主流的推荐算法是基于 item 的协同过滤；在排序阶段，主流的排序算法是大规模的 LR，算法的核心工作是特征工程，挖掘出大量的特征输入给 LR 模型。为了提升模型效果，排序所使用的 LR 模型基本都采用了在线学习方法。同时为了尽量提升参数的稀缺性，减小模型的大小，这段时期出现了很多优秀的在线优化算法，典型的代表作为 Google 的 FTRL（Follow the Regularized Leader）。FTRL 的很多思想为后来的优化器所借鉴：使用过去所有的梯度值来更新权重值；使用正则；自动调整每个特征的学习速率。

在 LR 模型之外，互联网业界针对 CTR 模型也尝试了很多突破。如 Facebook 的 GBDT+LR 模型，这些尝试的核心思路是打破 LR 模型只能建模特征与标签之间线性关系的束缚，尝试建模特征之间的交叉以及特征与标签之间的非线性关系。

如图 8-7 所示，Facebook 的 GBDT+LR 模型，首先利用 GBDT 自动进行特征筛选和组合，生成新的 feature vector，然后把该 feature vector 当作 logistic regression 的模型输入。

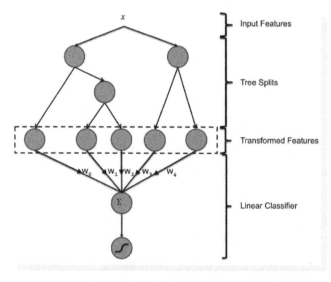

● 图 8-7 Facebook 的 GBDT+LR 模型

8.2 深度学习时代

随着消费互联网业务的急剧扩张，UGC（User Generate Content）时代到来了，用户可以自己产生文章、图片、视频，这导致可供用户检索或者推荐的 item 数量急剧增加。在如此海量的内容中，用户急需系统为其提供满足其需求的内容，这对算法的效果和运行效率都提出了新的要求。

伴随着内容的暴增，分布式系统也得到了快速发展，分布式计算、分布式存储、分布式通信等工具逐渐成熟起来。深度学习应用所需的业务需求和基础工具等条件都已经具备。

因为内容供给侧的数量暴增，为了进一步平衡检索的效果和性能，检索从召回、排序两阶段变成了召回、粗排、精排三阶段，如图 8-8 所示。本节将分别介绍召回、粗排、精排三个阶段的匹配算法演进历史。

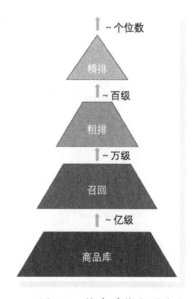

● 图 8-8　检索系统主要流程

▶▶ 8.2.1　精排模型演进

LR 和 GBDT 等可以算作是第一代精排模型，进入深度学习时代以来，精排模型又经过了两代的发展：

1. 第二代精排模型

第二代精排模型引入了 DNN，起于 2016 年 Google 的 Wide and Deep 模型。

Wide&Deep 模型包括两个部分：Wide 部分（LR 模型）和 Deep 部分（DNN 模型），如图 8-9 所示。Wide 部分使用了原始特征和交叉特征，主要负责记忆；Deep 部分使用了一些 Sparse 特征（如 ID 类特征）和 Dense 特征，负责泛化。从图 8-10 中可以看到，模型对 Sparse 特征首先学习了一个 Embedding，然后再和 Dense 特征拼接在一起作为网络的输入。这种对于 Sparse 特征学习 Embedding 的方法也成了日后各种深度学习模型处理 Sparse 特征的标准方法。

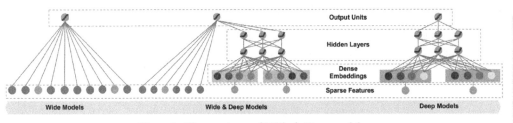

Figure 1: The spectrum of Wide & Deep models.

● 图 8-9　Google Wide&Deep 模型框架

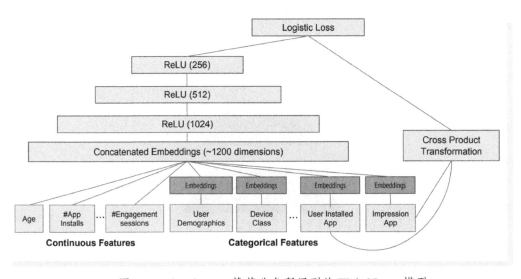

● 图 8-10　Google App 推荐业务所用到的 Wide&Deep 模型

2. 第三代精排模型

第三代精排模型在 DNN 模型的基础上沿着三个方向进行了发展，模型层强化特征的高阶交叉和核心特征抽取能力、嵌套网络、多任务学习。

1）模型层强化特征的高阶交叉和核心特征抽取能力。强化特征高阶交叉的网络有 DeepFM、DeepCross 模型等，以模型层面的交叉来替代特征的交叉，理论上讲如果全连接 DNN 可以做得足够深，足以捕捉到模型的高阶交叉。但是在实际应用中，一方面由于梯度消失等原因，全连接 DNN 很难训练得很深，另一方面线上业务对模型预测时延要求很高，太深的网络不满足性能要求，所以在全连接 DNN 的基础上进一步增加特征交叉能力是非常重要的。

如图 8-11 所示，DeepFM 增加了一个 FM 层，FM 层对输入的特征进行显式的两两组合，以挖掘特征之间的高阶关系。

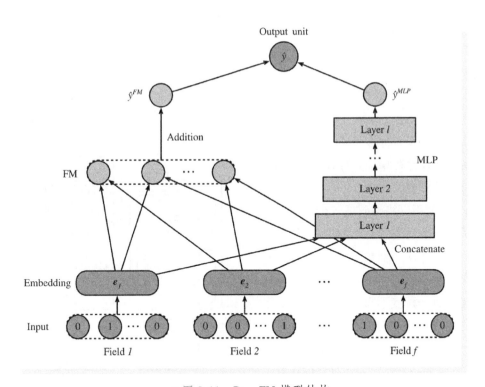

● 图 8-11　DeepFM 模型结构

另外一方面，随着模型的加深，核心特征的信号容易在一层又一层网络层的前向传播中出现衰减，因此采用类似于残差网络的思想将核心特征或者核心层的信号直连到 DNN 的输出层成了一种常用方法。如在推荐广告点击率预估模型中，Item 展示的位置（在整屏内容的第几位）对于广告点击率的影响是非常大的。为了充分挖掘在该特征蕴藏的信息，往往将广告的位置（Rank）从特征体系中剥离出来，直接连接到输出层中，如图 8-12 所示。

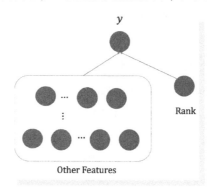

• 图 8-12　广告点击率预估模型——Rank 特征直连到输出层

2）嵌套网络。通常而言，大多数模型将所有的特征直接输入一个基于 DNN 的模型中，如 Facebook 的 DLRM（Deep Learning Recommendation Model）模型。然而这种方法对于特征的使用尚显粗糙，不能很好地建模部分特征之间或者特征与输出之间一一对应的关系。就像是在 Google 的 Transformer 之前，大多数翻译模型往往都是把源语句（"I love you"）使用网络编码成一个向量，然后再使用另一个网络将该向量解码为目标语句（"我爱你"），这种方法没有很好地利用源语句中每个单词对目标语句中每个单词之间贡献的强弱程度不同。如"love"对于"爱"的翻译是起决定性作用的，但对于"我"或者"你"的翻译就没有那么强烈的作用。Transformer 模型利用了神经网络可以以任意精度逼近任意函数的特性，将源语句中每一项和目标语句中每一项之间的关系视为一个函数，使用一个 NN 网络建模该函数，然后将该 NN 网络嵌套在整体的翻译模型中，如图 8-13 所示。

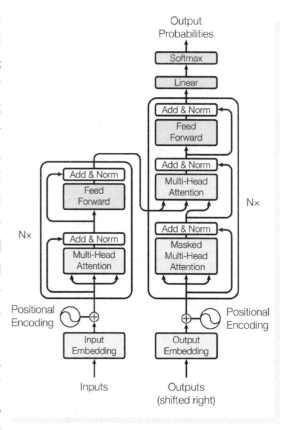

• 图 8-13　Transformer 模型架构

Transformer 模型是一个稠密模型，在高维稀疏模型中使用嵌套网络思想的典型模型为阿里的 DIN/DIEN 等，此系列模型的核心思想是将用户的历史行为序列和目标 item 之间的关系单独进行建模。阿里的业务有其特殊性，其用户内容和广告内容是同质的，用户内容是商品，而投放的广告也是商品。用户的浏览、点击、加车、购买、晒单等行为在阿里体系内完成了闭环，所以阿里积累了丰富的<用户、商品>历史行为数据，并且这些数据行为往往是连续的。DIN/DIEN 等一系列的模型都是在充分挖掘用户历史行为序列中的信息，如图 8-14 所示。

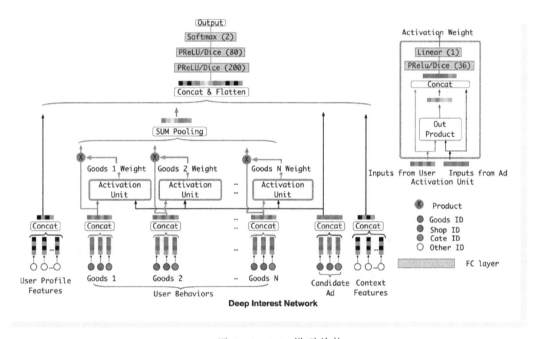

● 图 8-14　DIN 模型结构

传统上对于用户行为序列的特征使用是将用户的行为序列使用本书前面章节所讲的 Group 算子进行处理，模型在应用时先将每个用户行为查询 embedding，然后再进行 sum pooling 或者 average pooling。这种方法对用户行为序列的使用较为粗糙，而 DIN 则是将每一个用户历史行为和候选 item 使用 attention 网络单独计算该历史行为对候选 item 的影响力，然后再进行 sum pooling 送入模型网络。

特别值得一提的是，笔者特别喜欢 Google 的 Transformer 和 Bert 模型背后所透露出来的思想：Transformer 中暴力地将源语句和目标语句的每个 Term 连接起来进行建模，充分扩大了模型容量；而 Bert 模型成功的基石之一就是海量的语料。所以，今天我们之所以还没有实现强人工智能，或许正是因为我们的算力太弱了，还无法建立起类似于人脑的包含近千亿神经元的神经网络。

3）多任务学习：模型中同时预测多个业务指标，尝试挖掘多个指标之间的关联性。多任务学习的常见任务为 CTR、CVR 协同训练。CVR 任务样本较为稀疏，CVR 模型样本丰富，二者联合训练可以有效弥补 CVR 样本不足的缺陷。典型的多任务学习模型结构为阿里的 ESSM 和腾讯的 PLE，如图 8-15 所示。

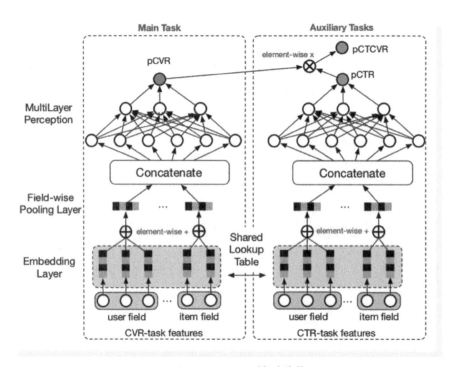

● 图 8-15　ESSM 模型结构

由于 pCVR 模型的样本只包括点击未转化和点击转化，对于未被点击的样本没有进行考虑，所以在预测时针对全样本空间使用，往往会产生偏差。ESSM 巧妙利用了 pCTCVR = pCTR * pCVR 这样一种递进关系，通过学习全样本空间的 pCTR 和 pCTCVR 来间接地在全空间使用的 pCVR，如图 8-15 所示。

在多任务学习中，往往会出现这样一种现象：通过样本、特征或者模型结构的升级，一个任务指标提升了，其他的任务指标反而下降了，这就是多任务学习中的跷跷板现象。如图 8-16 所示，PLE 基于 MMOE 网络将 expert 分别划分为任务独占和任务共享，从而大大缓解了跷跷板现象。

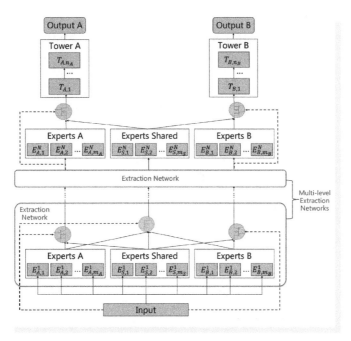

● 图 8-16　PLE 模型结构

▶▶ 8.2.2　粗排模型演进

粗排模型的发展趋势如图 8-17 所示。

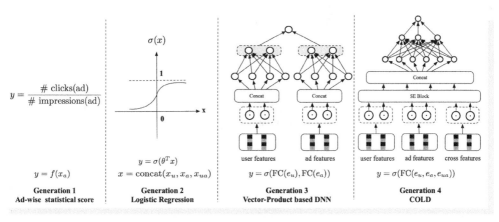

● 图 8-17　粗排模型技术发展趋势

1）第一代粗排模型为简单的统计模型：统计 item 在一段时间内在某类人群上的 CTR、CVR 等指标，然后将这些统计值作为召回排序的依据。该方案只使用 item 侧的信息，表达能力有限。

2）第二代粗排模型为 LR：相比于统计模型，LR 模型泛化能力得到了巨大提升。

3）第三代模型为向量式模型：典型的例子为 DSSM，也是当今广泛使用的粗排模型。用户特征和 item 特征分别输入 user 网络和 item 网络，计算出 user 向量和 item 向量，计算两个向量的内积作为召回的排序分数。该方法的缺点是无法利用 user-item 的交叉特征，算法能力受限。

4）第四代粗排模型使用了全链接神经网络：通过算法和工程的联合优化，实现在粗排模型使用全连接神经网络。代表工作为阿里的 COLD 模型。

▶▶ 8.2.3 召回模型演进

协同过滤可以算作是深度学习时代来临前的第一代召回模型，在深度学习模型到来之后，召回模型又有两个比较大的演进。

召回技术的发展趋势如图 8-18 所示。

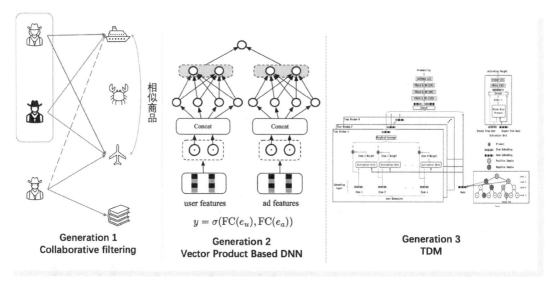

● 图 8-18　召回技术发展趋势

1）深度学习时代到来后，第二代召回算法以向量召回为主，代表算法是 DSSM 和图算法。DSSM 将 user 和 item 分别表示为一个稠密向量 vector，线上通过 ANN 检索，查询和用户向量距离最近的 item 向量来找到用户最感兴趣的 item。该类算法因为能较好地实现性能和效果的平衡，在现实业务中得到了大规模应用。但是该方案没有充分利用 user 和 item 的交叉特征，算法能力也有限。

2）第三代召回算法为全库召回。如果不考虑性能的限制，最佳的召回算法应该是建模一个类似于精排的强大模型，将用户请求与每一个候选 item 进行打分，选取 top item。实际中，因为算力有限，无法采取该方案，但是可以观察到 item 之间是有联系的。如可以用一个多级类目体系将 item 组织在一棵树上，如果用户对 3C 数码这个类目不感兴趣，那么用户大概率对该类目下的小米手机也不感兴趣，所以可以采用 beam search 的算法，先计算用户感兴趣的高层类目，再计算用户最感兴趣的单个 item，这就是全库召回的思想。该类算法的代表是 TDM（Tree-based Deep Model）。

8.3 小结

理想情况下，如果不考虑资源的限制，召回、粗排、精排应该合并成一个阶段，有一个完善的样本集合+健全的特征体系+复杂的模+给出打分的体系。但是实际应用中，候选 item 的数量是非常巨大的，无法使用这样一个理想模型实时给所有候选 item 打分，所以实际业务中将检索系统分成了召回、粗排、精排三个阶段。这三个阶段，从前往后，处理的 item 越来越少，使用的模型和特征体系也越来越复杂。

深度学习的到来极大地加速了搜索、广告、推荐等检索系统各个阶段算法的发展。随着算力的增加以及工程上一些优化措施的实施，以往只有在精排中才能使用的复杂模型和全面特征体系正在逐渐覆盖到召回和粗排阶段。另一方面，目前大多数的业务系统中召回、粗排、精排算法都是各自发展，一个新的建模趋势是将这三个阶段统一起来进行全链路的联合建模。整体而言，检索系统算法的发展趋势是向上一段所述的理想模型靠拢。

关于模型本身，对于单任务模型来说，模型的优化思路大体上可以分为三条：

1）嵌套网络。如在 DIN 网络中，为了单独建模用户的每一个历史行为和待预测 Item 的关系，额外添加了一个网络来建模这种关系，这种方法很好地利用了 DNN 可以任意精度拟合任意函数的特性，当现有的网络对某个特征或者关系利用得不充分时，就单独添加一个网络进行建模。

2）提升特征交叉效果。DNN 的本质是在网络层上对特征进行了二次、三次等高次非线性交叉，从而避免了复杂的特征工程，并提升了模型拟合效果，但是纯 NN 层的交叉效果是有限的，所以添加显式的特征交叉层就成了一种好办法，如基于 FM 思想的一系列模型。

3）核心信号直联。将核心的信号通过类似于残留网络的思想，直接连接到离输出层更近的地方，从而避免在 DNN 层的多个 NN 层前向传播过程中核心信号的强度被衰减，如在点击率预估模型中，Item 的位置作为最重要的特征之一经常会被直接送入输出层。

对于多任务模型来说，当前的检索系统中，多个目标已经成了系统算法必须要考虑的问题。如果每个目标的模型训练样本都比较充分，那么在线上性能允许的情况下，为每个目标单独训练一个模型仍不失为一个好的模型方案；否则，多任务模型将是最佳的选择。

本章介绍了多任务模型业内主流的建模方案，另外计算出了每个预测任务（如点击率、转化率、留存、观看时长等指标），如何对这些目标综合使用，从而达到检索算法系统效率的最大化，同样也是检索系统的关键问题。对于该问题的解决方案，读者可以查询相关资料了解。

复杂模型对业务效果的提升是巨大的，目前双塔模型在召回和粗排阶段的应用最为广泛，下面的章节将重点介绍双塔模型的理论和具体实现。

第9章

DSSM理论与实现

DSSM 是 2013 年微软在论文 "Learning Deep Structured Semantic Models for Web Search using Clickthrough Data" 中提出的，最初应用于建模搜索 Query 和文档之间的相关性。

DSSM 提出了一个重要的思想——Query 和文档，在模型中分别经过一个深度神经网络进行信息抽取形成 Query 和文档的向量化表示，然后对 Query 和文档的向量化表示进行距离运算，生成最终的输出。

由于文档的变化比较缓慢，可以利用 DSSM 这种特殊的结构预先在线上生成文档的向量存储，线上只需要对 Query 进行一次模型运算即可。这种方法极大地减小了在线计算开销，因此基于 DSSM 的双塔模型在搜索、广告、推荐业务的召回和粗排环节迅速得到了广泛应用，本章将介绍双塔模型的相关理论和具体实现。

9.1 DSSM 模型

DSSM 模型结构如图 9-1 所示，模型首先把 query 和 document 的词进行 word hash，如 good 会变成 <#go，goo，ood，od#>，然后经过一个多层神经网络生成 128 维的 Query vector 和 Document vector。Query vector 和 Document vector 计算 cos 距离，然后对这些 Cos 距离进行 softmax 归一化，结果即为相关性打分。模型的学习目标是最大化正相关文档的相关性打分。

相关计算公式如下。

cos 距离：

$$R(Q,D) = \text{cosine}(y_Q, y_D) = \frac{y_Q^{\mathrm{T}} y_D}{||y_Q|| \, ||y_D||}$$

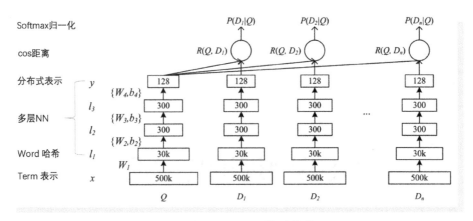

● 图 9-1 DSSM 模型结构

相关性：

$$P(D|Q) = \frac{\exp(\gamma R(Q,D))}{\sum_{D' \in D} \exp(R(Q,D'))}$$

Loss：

$$L(\wedge) = -\log \prod_{(Q,D')} P(D^+|Q)$$

为了方便训练和使用，推荐系统中所使用的双塔模型针对 DSSM 模型进行了一些变形。按照训练方法的不同，可以细分为 pointwise 版本和 pairwise 版本。

如图 9-2 所示，在 pointwise 版本中，user feature 和 item feature 各自经过一个 DNN 网络生成表示向量，然后使用 cos 距离作为最终的预测值。如果训练的目标为 CTR，一般会采用交叉熵作为 loss 函数。

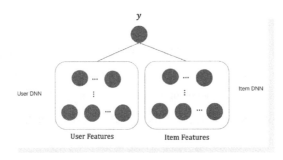

● 图 9-2 推荐系统双塔模型——pointwise

如图 9-3 所示，在 pairwise 版本中，模型有 3 个塔，分别对应用户、正样本和负样本，其中正样本和负样本塔共享同样的网络参数。模型学习的目标是最大化让用户和正样本的打分 y^+ 与用户和负样本的打分 y^- 之间的差值，即 Loss 函数为：

$$L = -\sum (y^+ - y^-)$$

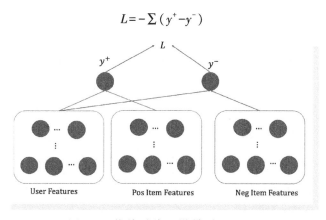

● 图 9-3　推荐系统双塔模型——pairwise

除了 cos 距离，在实际应用中常用到的距离还有欧氏距离和内积，在推荐系统中，往往采用内积。欧式距离和内积的计算方法如下。

欧式距离：

$$R(Q,D) = \sqrt{\sum_{i=0}^{n} (y_Q^i - y_D^i)^2}$$

内积：

$$Dot(Q,D) = y_Q^t y_D$$

9.2　DSSM 实现

PS-DNN 框架实现了 pointwise 版本的双塔模型（见图 9-4）。样本中将特征切分成了 6 个部分：dense_features_user、dense_features_ad、dense_features_user_ad、sparse_features_user、sparse_

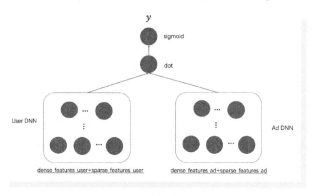

● 图 9-4　双塔模型-pointwise 实现

features_ad 和 sparse_features_user_ad。DSSM 无法使用 user 和 ad 的交叉特征 dense_features_user_ad 和 sparse_features_user_ad。

dense_features_user 和 sparse_features_user 输入 User DNN 生成 User Vector，dense_features_ad 和 sparse_features_ad 输入 Ad DNN 生成 Ad Vector。User Vector 和 Ad Vector 进行点积计算，最后经过一个 sigmoid 层生成预测结果。

构建 DSSM 模型的代码实现如下。

```
int Network::do_build_network_dssm(vector<string> net_layer_confs)
{
  //去除 user_ad 交叉特征
  delete dense_layer_user_ad;
  delete sparse_layer_user_ad;
  dense_layer_user_ad =nullptr;
  sparse_layer_user_ad =nullptr;

  int user_last_output_dim = dense_layer_user->output_dim()
    + sparse_layer_user->output_dim()
    ;
  int ad_last_output_dim = dense_layer_ad->output_dim()
    + sparse_layer_ad->output_dim()
    ;
  Layer*  user_last_layer;
  Layer*  ad_last_layer;

//建立 user DNN 和 ad DNN
  for (int i=0; i<net_layer_confs.size(); i++)
  {
    Layer*  user_layer = build_net_layer(net_layer_confs[i],
user_last_output_dim, get_layer_index());
    Layer*  ad_layer = build_net_layer(net_layer_confs[i],
ad_last_output_dim, get_layer_index());
    if (i == 0)
    {
      connect_layer(dense_layer_user, user_layer);
      connect_layer(sparse_layer_user, user_layer);
      connect_layer(dense_layer_ad, ad_layer);
      connect_layer(sparse_layer_ad, ad_layer);
    }
    else
    {
      connect_layer(user_last_layer, user_layer);
      connect_layer(ad_last_layer, ad_layer);
    }
```

```
    add_layer(user_layer);
    add_layer(ad_layer);

    user_last_layer = user_layer;
    ad_last_layer = ad_layer;
  }

// 点积层
  Layer * dot_layer = newDot(get_layer_index());
  connect_layer(user_last_layer, dot_layer);
  connect_layer(ad_last_layer, dot_layer);
  add_layer(dot_layer);

//最后的 sigmoid 层
  Layer * final_layer = newSigmoid(get_layer_index());
  connect_layer(dot_layer, final_layer);
  add_layer(final_layer);
  return 0;
}
```

其中，net_layer_confs 存储了 user DNN 和 ad DNN 的网络结构配置，user_layer 和 ad_layer 分别表示 user DNN 和 ad DNN，final_layer 为输出层。

9.3 线上预测

如图 9-5 所示，以商品广告召回系统为例，双塔模型训练完成之后，会通过如下流程上线。

1）将商品库中的所有在投的商品广告通过 Ad DNN 生成 Ad Vectors，并建立 Ad Vectors 的在线索引。

2）当一个线上请求到达之后，通过 User DNN 生成 User Vector。

3）通过 ANN 检索距离 User Vector 最近的 Ad Vectors，返回临近的 Top Ads。

在双塔模型的在线服务流程中，Ad Vectors 通过离线计算完成，从而大大节省了线上开销。这也是双塔模型能达到性能/效果平衡的关键点之一。

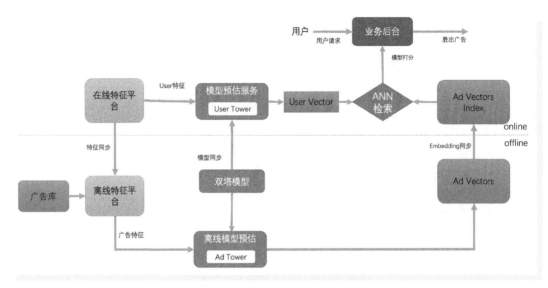

● 图 9-5　双塔模型在线预测服务流程

9.4　ANN 检索

ANN （Approximate Nearest Neighbor）， 又称近似近邻检索， 它通过损失一定的精度快速检索出离目标 Vector 最近的若干个 Vectors。

如果要从 Ad Vectors 中精准检索出离目标 User Vector 最近的 top K 个 Ad， 最简单的方法就是进行暴力检索， 逐一计算 User Vector 与每一个 Ad Vector 的距离， 然后将所有的距离排序， 寻找最近的 Ad， 该方法的时间复杂度为 $O(N)$， 空间复杂度为 $O(K)$， N 为 Ad Vectors 的数量。

暴力检索耗时太多， 此时可以利用 Ad Vector 之间的距离特性 （如果 Ad Vector X 和 Y 距离较近， User Vector Z 和 X 相距较近， 那么 Z 和 Y 相距也较近） 将距离较近的 Ad Vectors 聚在一起建立索引， 从而加速检索。 该思路与 TDM 模型有异曲同工之妙， 都是将 item 按照某种特质进行聚类。 相似的 item 位于同一个簇中， 如果用户对簇中的任一 item 不喜欢， 那么大概率用户也不喜欢簇中的其他 item； 反之亦然， 如果用户喜欢簇中的任一 item， 那么大概率用户也喜欢簇中的其他 item。

总体来说， ANN 算法分成两个阶段： 首先针对 Vectors 建立索引， 该索引将相近的 Vector 聚集在一个索引项中； 其次在进行检索的时候， 使用索引进行加速。

从索引结构上来说， 可以把 ANN 算法分为基于树的、 基于 Hash 的和基于图的。 索引结构的不同， 决定了索引建立和检索算法的不同。

▶▶9.4.1　基于树的方法

基于树的方法通常将高维空间划分为多个子空间，并采用树结构记录子空间之间的层次关系。在检索时，可通过树型结构快速搜索到若干个距离目标向量较近的叶子节点。

常见的基于树的方法主要包括 KD 树和 Annoy 算法。

KD 树（K-Dimensional 树）是一种对 k 维空间中的实例点进行存储以便对其进行快速检索的树形数据结构，k 表示特征的维度。图 9-6 展示了一个 KD 树示例。

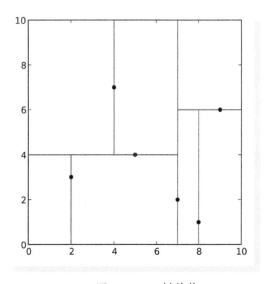

● 图 9-6　KD 树结构

KD 树的建立过程如下。

1）若当前子树中只有一个点，返回。

2）从 k 个维度中选择方差最大的一个维度 i（$0 = <i<=k-1$）。

3）选择分割点：在维度 i 上选择中位点 m 作为分割点，将在维度 i 上值小于 m 的点归入左子树，其余的归入右子树。

4）将 m 作为这棵子树的根节点，递归对分出的子树重复步骤 1）~步骤 4）。

因为每次分割子树时都会选择中位点进行，所以 KD 树是一颗平衡二叉树，树的高度为 $O(\log N)$。选择中位点的时间复杂度为 $O(N\log N)$，所以建树的时间复杂度为 $O(N\log^2 N)$）

在 KD 树上检索向量 x 的 k 近邻算法如下。

1）初始化一个有 k 个空元素的列表 result，用于保存已经搜索到的最近的 k 的邻居。

2）从根节点开始，根据 x 的坐标值和分割点的维度、大小向下搜索。如树在某个节点上

按照维度 i 进行切分（$0<=i<=k-1$），分割点的值为 q，x 在 i 维上的坐标为 p，如果 p 小于 q 则向左枝进行搜索；反之则走右枝。

3）当达到一个底部节点时，将其标记为访问过。如果 result 里不足 k 个点，则将当前节点的坐标加入 result；反之，如果 result 中节点数量大于 k 个，并且当前节点与 x 的距离小于 result 里最长的距离，则用当前节点替换掉 result 中离 x 最远的点。

4）如果当前节点不是整棵树最顶端节点，则向上回溯，直至遇到一个未被访问过的节点；如果当前节点是整棵树的最顶端节点或者回溯后为发现未被访问过的节点，则输出 result，算法完成。

5）如果此时 result 里不足 k 个点，则将回溯节点加入；如果 result 中已满 k 个点，且回溯节点与 x 的距离小于 result 里最长的距离，则用回溯节点替换掉 result 中离最远的点。

6）计算 x 和回溯节点切分线的距离。如果该距离大于等于 result 中距离 x 最远的距离并且 result 中已有 k 个点，则在切分线另一边不会有更近的点，返回第 4）步；如果该距离小于 result 中最远的距离或者 result 中不足 k 个点，则切分线另一边可能有更近的点，因此在当前节点的另外一个枝从第 2）步开始执行。

KD 树检索 k 近邻的时间复杂度为 $O(k\log N)$。

除了 KD 树，另外一个经典的树检索算法为 Annoy（Approximate Nearest Neighbors Oh Yeah）。相比于 KD 树，Annoy 树的叶子节点包含多个相互邻近的点，并且在建树的过程中采用了聚类的办法来分割左右子树，因此检索效率要比 KD 树高很多。图 9-7 展示了一个 Annoy 树的示例。

● 图 9-7　Annoy 算法构造的二叉树

Annoy 树的建立过程如下。

1）随机选择两个点，以此两个节点为初始中心节点，执行聚类数为 2 的 kmeans 过程，最终产生收敛后两个聚类中心点。在两个聚类中心点之间连一条线，建立一个可以垂直等分该线段的超平面，该平面把空间分成两部分，即为左右子树。

2）在左右子树中重复上述划分构成，直至子树中的节点个数不超过 K 个（K 为预设值）。

Kmeans 算法的时间复杂度为 $O(N)$，树的高度为 $O(\log N)$，因此 Annoy 算法建树的时间复杂度为 $O(N\log N)$。

在 Annoy 树中检索向量 x 邻近的 k 个节点，流程如下。

1）初始化一个有 k 个空元素的优先队列 result，该队列自动维护已经搜索到的最近的 k 个邻居及各自的距离。

2）从根节点开始，x 在分割平面的左面，则沿着左子树进行检索；否则沿着右子树进行检索。

3）当达到一个底部子树时，将其标记为访问过。如果 result 里不足 k 个点，则将子树中所有节点加入 result；反之，result 中节点数量大于 k 个，并且子树中存在节点与 x 的距离小于 result 里最长的距离，则用相应节点替换掉 result 中离 x 最远的点。

4）如果当前节点不是整棵树最顶端节点，向上回溯，直至遇到一个未被访问过的节点；如果当前节点是整棵树的最顶端节点或者回溯后未发现未被访问过的节点，则输出 result，算法完成。

5）计算 x 和回溯节点分割平面的距离。如果该距离大于等于 result 中距离 x 最远的距离并且 result 中已有 k 个点，则在分割平面另一边不会有更近的点，返回第 4）步；如果该距离小于 result 中最远的距离或者 result 中不足 k 个点，则分割平面另一边可能有更近的点，因此在当前节点的另外一个子树从第 2）步开始执行。

Annoy 树检索 k 近邻的时间复杂度为 $O(k\log N)$。

采用基于树的搜索方法可以快速定位到与目标向量最为相似的若干个叶子节点，从而有效地避免了很多无效比对，提高了搜索效率。然而，随着向量维度的提高，计算用于划分空间的超平面的开销将显著增大，从而影响树型结构的构建效率。此外，如果目标向量与某一超平面距离较近，该方法的搜索结果可能会丢失大量与目标相似的向量，从而影响查询的准确度。

▶▶ 9.4.2 基于 Hash 的方法

Hash 算法是一种从数据中提取出固定长度指纹的算法，如 MD5 算法可以为任意一个文件生成 128 位的 hash 值。传统上，Hash 算法主要用在加密/校验等场景中，需要尽量避免碰撞，碰撞是指两个输入经过 hash 算法计算后 hash 值是一样的。但是有一类特殊的 hash 函数，局部敏感 hash（Local Sensitive Hash，LSH）函数，会为相似的输入计算出相似的 hash 值，如 Google 的 simhash。图 9-8 展示了普通 hash 函数和局部敏感 hash 函数的不同。

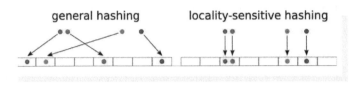

● 图 9-8　General hash 和 LSH

LSH 这种特性很适合用来做 ANN 检索，可以把所有的 Ad Vectors 通过 LSH 映射到不同的 hash 桶中，相邻的向量会以极大的概率映射到同一个桶中，然后在检索时将目标 User Vector 进行 hash 计算，得到桶号，然后在对应的桶中查找最邻近的向量即可，从而提升了检索效率。

Hash 方法离线建立 ANN 索引的流程如下。

1）选取 LSH 函数。

2）将所有数据经过 LSH 函数哈希到相应的桶内，构成了一个或多个 hash 表。

如果桶内 Vectors 的数量很多，还可以再增加一级 hash。

Hash 方法的检索流程如下。

1）将查询数据经过 LSH 函数哈希得到相应的桶号。

2）计算查询数据与该桶号内数据之间的相似度或距离，返回最近邻的数据。

基于哈希的方法，通过计算目标向量所在分类以及邻近的分类可以有效地排除大量与目标向量相似度较低的向量，减少了向量相似度的计算次数。但是，该方法通常只能对向量空间进行均匀划分，而实际应用中向量在空间中的分布通常是不均匀的，从而导致各个分类中向量的数量相差巨大，并进一步影响搜索的效率和准确度。

▶▶ 9.4.3　基于图的方法

与基于树和 Hash 的方法不同，基于图的方法通常不对向量空间进行划分。该方法预先计算向量集合中各向量间的相似度，并以图的形式维护向量之间的相似关系。具体而言，图中每个向量是一个节点，距离较近的节点之间通过边相互连接。在搜索时，从一个或者多个起始节点出发进行探索。每次探索一个节点时，计算该节点的所有邻居节点与目标向量的相似度，并基于当前探索的结果，选择与目标向量最为相似且未被探索的节点作为下一次需要探索的节点并开始下一次探索。以上过程在无法找到新的探索节点时结束，并将探索过程中所有被访问的节点中与目标向量最为相似的节点作为搜索结果。目前在互联网常用的图检索算法是 HNSW（Hierarchical Navigable Small World）。

HNSW 结合了跳跃表和小世界图的思想，是一种分层的图贪心算法。

如图 9-9 所示，跳跃表核心的数据结构是一个分层的有序链表，底层维护了所有的数据，每个更高层都充当下面列表的"快速通道"。跳跃表第 i 层中的元素按某个固定的概率 p（通常为 0.25 或 0.5）出现在第 $i+1$ 层中。每个元素平均出现在 $\frac{1}{1-p}$ 个列表中，而最高层的元素（通常是在跳跃列表前端的一个特殊的头元素）在 $\log_{1/p} n$ 个列表中出现。

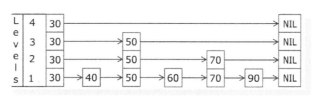

● 图 9-9　跳跃表示例

在查找目标元素时，从顶层列表、头元素起步。算法沿着每层链表搜索，直至找到一个大于或等于目标的元素，或者到达当前层列表末尾。如果该元素等于目标元素，则表明该元素已被找到；如果该元素大于目标元素或已到达链表末尾，则退回到当前层的上一个元素，然后转入下一层进行搜索。每层链表中预期的查找步数最多为 $\frac{1}{p}$，而层数为 $\log_{1/p} n$ 个，所以查找的总体步数为 $\frac{\log_p n}{p}$，由于 p 是常数，查找操作总体的时间复杂度为 $O(\log n)$。而通过选择不同 p 值，就可以在查找代价和存储代价之间获取平衡。

小世界图是一种图索引方法，基于贪婪算法进行朴素查找最近邻。在小世界图中，边分为两种：短程边和远程边，短程边连接了邻近的节点，远程边连接了相距较远的节点，可以把远程边看作小世界图中的高速公路。如图 9-10 所示，黑色边为短程边，有颜色边为远程边。

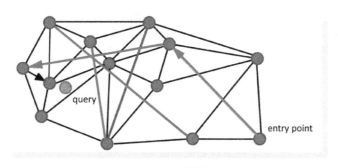

● 图 9-10　小世界图示例

小世界图是通过点的连续插入实现的，在每插入一个点时，都将该点和最邻近的 K（K 为预设值）个点连接起来，随着小世界图中的点越来越多，图中的短程边也越来越多的变成了远程边。小世界图在检索时可以使用贪心算法。如图 9-10 所示，从出发点 entry_point 出发，计算该点和邻点中距 query 最近的点，将新的点作为出发点，继续查找，直至找不到新的邻点距离 query 更近为止。

在 NSW 上将远程边按照跳跃表的方式分层组织起来就形成了 HNSW。可以将 HNSW 类比于交通地理图，图上的每一个节点都是一个县级行政单位，第 0 层上的边是县际高速，第 1 层上的边是市际高速，第 2 层上的边是省际高速，以此类推。图 9-11 展示了一个 HNSW 和查找示例。

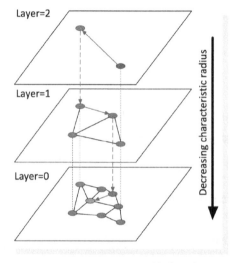

● 图 9-11　HNSW 检索示例

HNSW 的构造方式类似于 NSW，通过点的连续插入实现，具体流程如下。

1）计算新节点应当插入的最大层数 L，L 的分布服从指数概率衰减。

2）按照 NSW 的方式，在 0~L 层插入新节点。

如图 9-11 所示，当 HNSW 索引建好后，检索向量 x 的 k 个近邻的流程如下。

1）初始化一个有 k 个空元素的优先队列 result，该队列自动维护已经搜索到的最近的 k 个邻居及各自的距离。

2）从最高层开始，采用 NSW 查找方法寻找 k 近邻，结果记录在 result 中。

3）将 result 中的节点作为出发点，在下一层按照 NSW 的查找方法寻找 k 近邻，并将结果更新在 result 中。

4）循环执行第 3）步，直至在第 0 层完成检索。

5）返回 result。

HNSW 的构造时间复杂度为 $O(N\log N)$，检索时间复杂度为 $O(\log N)$。

基于图的方法通常有较高的搜索效率和准确度，在工业界得到了广泛应用，但是构建搜索图的过程中需要进行大量的向量距离计算，从而导致极大的计算开销。除此之外，在需要往向量集合中增加新的向量时，通常需要对搜索图进行重新构建，从而严重影响了向量的插入效率。

▶▶ 9.4.4 ANN 检索效率比较

前文讲述了基于树的、基 Hash 的和基于图的等 ANN 检索算法，下面来对比一下这些算法的检索效率。HNSW 论文中详细测试了各种 ANN 算法在不同数据集不同距离定义下的表现。测试选取的 ANN 算法包括：

1）Annoy：基于聚类的树算法。

2）NSW：小世界图算法。

3）HNSW：分层的小世界图算法。

4）VP-tree：制高点树算法，VP 树和 KD 树都是二叉树，两者的不同在于节点的划分策略。在 KD 树的构造过程中，划分节点时，首先选择方差大的维度，然后取该维度上的中间值进行划分；而 VP 树则是随机选择一个点，然后计算其他点到该点的距离，取距离的中间值进行划分。

5）FLANN：全称为 Fast Library for Approximate Nearest Neighbors，是一个函数库，包含 KD 树算法和局部敏感性 hash。

从图 9-12 可以看出，HNSW 算法在各个数据集上都是表现最好的算法，具备碾压性的优势，其次是 Annoy 算法。

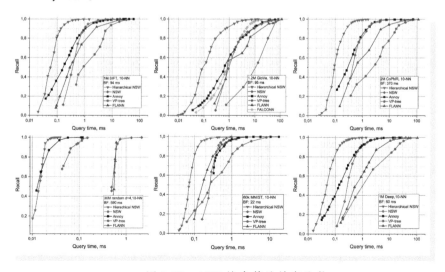

● 图 9-12　ANN 检索算法效率比较

值得一提的是，Facebook 推出了专门的开源 ANN 检索库——Faiss，该库支持 GPU，可以进一步加速。图 9-13 展示了 Faiss 的 GPU 加速效果。测试数据集为 last. fm，last. fm 是一个音乐推荐的数据集合。距离度量使用内积，检索的邻近点个数为 10。在召回精度为 0. 99 时，Faiss 的 GPU 版本比 CPU 版本快了 10 倍，比 hnswlib 的 HNSW 算法也快了 6 倍。

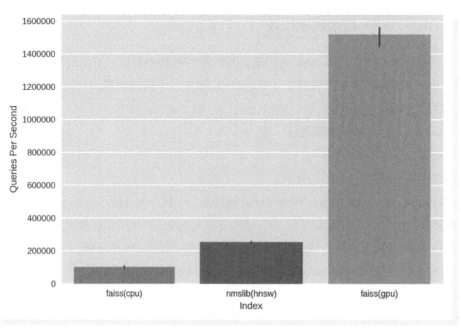

● 图 9-13　Faiss 的 GPU 加速效果

9.5　训练效果

本节介绍 DSSM 模型在 PS-DNN 框架中的训练效果。DSSM 模型的特征体系在 V16 版特征的基础上去掉了<用户、广告>交叉的 dense 特征和<用户、广告>交叉的 sparse 特征，包括 user dense 特征 8 个、ad dense 特征 10 个、user sparse 特征 58 个、ad sparse 特征 9 个，总计 85 个。

DSSM 模型中的每个塔都采用了单层 DNN 网络、使用 tanh 激活函数，稀疏特征 embedding 维度为 8 维，优化器采用 Nesterov。

淘宝展示广告点击率预估数据集的基准 AUC 是 0. 622，在上一章中，FNN 模型单机训练耗时 290 分钟，AUC 为 0. 662；本次测试的 DSSM 模型，耗时 233 分钟，AUC 为 0. 655，与 FNN 模型相比，耗时下降了 20%，AUC 下降了 0. 007。

9.6 模型优化

在完成了初版 DSSM 模型后，可以继续对模型进行优化，除了常见的特征体系、模型结构优化，因为 DSSM 常用于召回阶段，还有一些特有的优化方向：样本补充、强化泛化性和模型级联。

1. 样本补充

如图 9-14 所示，由于检索系统漏斗的存在，召回所面对的候选集中大部分样本是没有得到曝光机会的。假设用户请求数量为 M，候选 item 集合为 N，那么召回的候选集合为 $M * N$，而曝光出来的样本往往只是 $M * N$ 的极小一部分。举例来说，假设在电商推荐系统中，对于一个女性用户总是推荐服装、化妆品等类目，从未给该用户展示过跑步机、游戏等类目，那么就收集不到用户对跑步机、游戏等类目的行为数据，也不知道用户对这些类目是否喜欢。因此在曝光样本之外，需要对召回模型进行样本补充，以解决样本空间训练和预测不一致的问题。

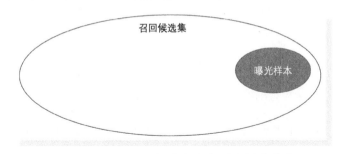

● 图 9-14　召回候选集合和曝光样本集合

样本的补充有以下方法。

1）随机生成：对于任意请求，从全部 item 集合中抽取一部分作为负样本。该方法基于用户只喜欢全部 item 集合中的一小部分，所以随机抽取的 item 大概率用户是不喜欢的思想。

2）基于知识图谱生成：参见 Airbnb 在 "Real-time Personalization using Embeddings for Search Ranking at Airbnb" 一文中的做法。该方法首先构造了一个酒店的知识图谱，然后增加与正样本同城的房间或者是 "被房主拒绝" 作为负样本，加大了样本的区分度。

3）基于精排模型生成：将召回候选集的一部分送到精排模型中去打分，将低分的样本作为负样本或者是 hard 样本进行学习，该方法的好处是召回模型相当于在学习精排模型，提升了召回和精排模型的打分一致性。该做法参见百度的 " MOBIUS：Towards the Next Generation of Query-Ad Matching in Baidu's Sponsored Search" 和 Facebook 的 "Embedding-based Retrieval in Facebook Search"。

2. 强化泛化性

在推荐系统中，每天都有大量的 item 上线，如何准确预估用户在新 item 上的喜好程度，从而促使优质的 item 迅速起量，对维持一个良好的内容建设生态至关重要。冷启动的问题需要站在整体检索系统的角度来解决，不只是召回，排序、机制等阶段也需要参与。此处只讲召回模型怎么应对冷启动问题，具体做法包括在特征体系中去除 item id 类特征、多加入 item 的语义理解特征等。

3. 模型级联

目前在大部分互联网业务中，召回、粗排、精排等阶段的模型是分别独自训练的，这导致各个阶段之间打分的不统一性，如召回阶段认为用户对某些 item 感兴趣，而在精排阶段模型认为用户对这些 item 不感兴趣，从而造成了检索效率的损失。可以考虑召回或者是粗排模型直接学习精排模型的打分，从而避免打分的不一致性问题。更长远的方法在于，如果召回阶段可以是实现全库检索，那么召回、粗排、精排阶段可以全部融合在一起，实现整体检索系统的模型大一统。对于推荐系统来说，推荐的 item 往往上亿级，实现全库检索较为困难，但是对于广告系统来说，在投广告的数量级大约在百万级别，或许可以先一步实现全库检索。

9.7 小结

本章主要介绍了 DSSM 模型的训练、对比了 DRLM 模型和 DSSM 模型的训练效果、以及如何在线上进行 ANN 检索。

DSSM 模型因为在现有的算力条件下比较好地平衡了模型效果和性能开销，从而在检索匹配系统中得到了大规模应用。但是随着业务的发展，DSSM 模型因为不能建模用户和 item 交叉特征而带来的拟合能力缺陷成了检索系统效果提升的瓶颈。因此近年来，业界在逐步尝试采用一些性能更加强大的模型来替代 DSSM 模型在召回和粗排阶段的地位，详情可以参见第 8 章的内容。

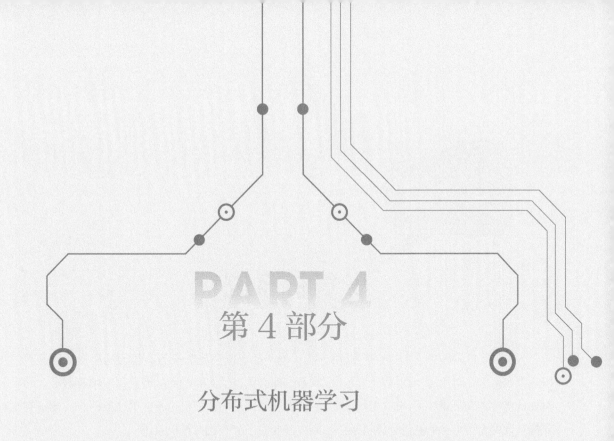

第4部分

分布式机器学习

一些典型的模型（如 CTR 模型），每天的样本量可达到百亿。庞大的样本量配合全面丰富的特征体系、大容量的模型网络，给模型赋予了巨大的威力。但是另一方面，如此大规模的样本和模型容量，也使训练计算量和存储量飙升，单机训练已经远不能满足要求。因此在工业界，所有的大型业务模型场景无一例外都走上了分布式的道路。本部分首先介绍分布式计算和分布式机器学习的理论知识以及开源的参数服务器框架 PS Lite，最后介绍如何使用 PS Lite 支持分布式机器学习以及效果。

学习视频7-分布式机器学习

计算机系统

大型的互联网业务（如电商）供用户购买的商品可以达到数千万，每天的用户访问量可以达到数百亿。对于每一次用户访问，检索系统都必须提供实时的商品浏览、下单等服务。面对如此庞大的商品量和用户访问量，即使是世界上最先进的大型机也不能单独胜任。因此所有支撑互联网大型业务的基础计算机系统都最终演变成了分布式计算机系统。

本章主要介绍分布式计算机系统的一些理论知识和简单的编程实践。作为对比，本章首先介绍单机系统，然后再介绍分布式系统，重点介绍分布式系统中的计算、存储和通信模块，最后给出一个分布式系统编程的示例。

10.1 单机系统

相比于分布式系统，单机系统只包括一台计算机。自从 1946 年第一台计算机 ENIAC 被发明以来，现代计算机系统结构就一直遵循冯·诺依曼结构。如图 10-1a 所示，在冯·诺依曼结构中，采用二进制形式表示信息，程序、数据的最终形态都是二进制编码；程序作为数据，和数据一起放在存储器中，在运行时，将所需的指令和数据从存储器加载到 CPU 中；系统分为五大模块，运算器、控制器、存储设备、输入设备、输出设备。与冯·诺依曼架构相对应的是哈佛架构，如图 10-1b 所示，在哈佛架构中，程序和数据存放在单独的存储器中。

10.1.1 单机系统物理模型

如图 10-2 所示，从程序员的视角来看，整个单机计算机系统可以分为 4 个部分：计算、存储、传输和人机交互。

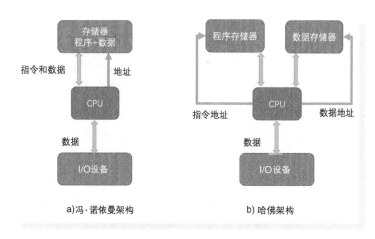

● 图 10-1   冯·诺依曼架构和哈佛架构

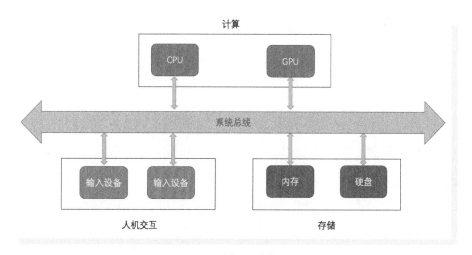

● 图 10-2   单机计算机系统组成

1. 计算

主要的计算设备包括两个：CPU 和 GPU。其中 CPU 为中央处理单元，基于低延迟的设计，主要用于通用计算；GPU 为图形处理单元，基于高吞吐量设计，主要用于专用计算。

如图 10-3 左图所示，CPU 主要包括运算器（Arithmetic and Logic Unit，ALU）和控制单元（Control Unit，CU），除此之外还包括若干寄存器、高速缓存器和它们之间通信的数据、控制及状态的总线。CPU 遵循的是冯·诺依曼架构，即存储程序、顺序执行。一条指令在 CPU 中执行的过程是：读取到指令后，通过指令总线送到控制器中进行译码，并发出相应的操作控制信号。然后运算器按照操作指令对数据进行计算，并通过数据总线将得到的数据存入数据缓存器。因此，CPU 需要大量的空间去放置存储单元和控制逻辑，相比之下计算能力只占据了很小的一部分，在大规模并行计算能力上极受限制，而更擅长于逻辑控制。

为了解决 CPU 在大规模并行运算中遇到的困难，GPU 应运而生了，如图 10-3 右图所示，GPU 采用数量众多的计算单元和超长的流水线。正如其名字所示，GPU 非常善于处理图像领域的运算加速问题。但 GPU 无法单独工作，必须由 CPU 进行控制调用才能工作。CPU 可单独作用，处理复杂的逻辑运算和不同的数据类型，当需要大量处理类型统一的数据时，则可调用 GPU 进行并行计算。深度学习模型的训练和预测涉及大量的矩阵运算，非常适合使用 GPU 完成。

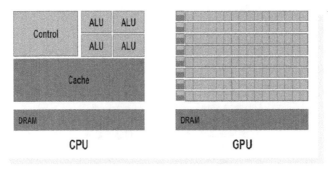

● 图 10-3　CPU 与 GPU 结构对比图

2. 存储

存储设备主要包括内存和硬盘。内存（Memory）是计算机的重要部件之一，也称内存储器和主存储器，它用于暂时存放 CPU 中的运算数据、与硬盘等外部存储器交换的数据。它是外存与 CPU 进行沟通的桥梁，计算机中所有程序的运行都在内存中进行。

硬盘是计算机外部存储的重要和设备，计算机系统的软件和数据主要都存放在硬盘上，在运行时，硬盘上的软件和数据首先加载到内存中，然后再加载到 CPU 中执行。相比于内存，硬盘的数据访问时延较大，但是硬盘具有容量大、数据可以在断电后长期保存等优点。目前的硬盘主要包括两种：机械硬盘和 SSD（固态硬盘）。机械硬盘是以机械磁盘为存储介质，通过磁臂和磁头、磁盘之间的机械构造进行数据存储；固态硬盘则是以 NAND 闪存（一种非易失性的存储器）作为存储介质，通过存储器内部的电荷数（即 Cell 的通断电）进行数据的读取和写入，进而实现数据存储。固态硬盘的访问速度比机械硬盘更快，但是价格也较为昂贵。

如图 10-4 所示，内存、硬盘，连同 CPU/GPU 计算单元内部的寄存器和 Cache，形成了一个分层的计算机存储体系。各个存储设备的差异主要体现在存储容量和访问时延上。访问速度越快的设备，容量越小。

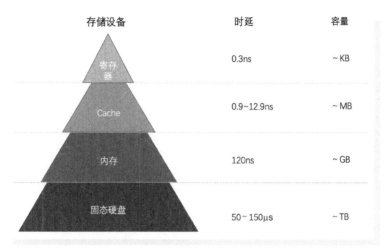

存储设备　　　　　　时延　　　　　容量

寄存器　　　　　　0.3ns　　　　　~ KB

Cache　　　　　　0.9~12.9ns　　　~ MB

内存　　　　　　120ns　　　　　~ GB

固态硬盘　　　　50~150μs　　　　~ TB

● 图 10-4　计算系统分级存储体系

寄存器和 Cache 的操作对于应用程序来说不可见，所以一般应用程序存储系统设计和优化主要集中在内存和硬盘上。

3. 传输

系统总线（System Bus）是一个单独的计算机总线，是连接计算机系统的主要组件。这个技术的开发是用来降低成本和促进模块化。计算和存储模块通过系统总线传递命令和数据。

4. 人机交互

人机交互系统主要负责用户的输入和计算机系统的输出。典型的输入设备包括键盘和鼠标，输出设备为打印机、音箱或者是显示器。用户可以通过输入设备对计算机系统进行操作，然后将结果显示在显示器等输出设备上。

▶▶ 10.1.2　单机系统程序编程

下面以一个 C++文件读取程序为例来介绍一下在单机系统上如何编写程序，以及程序是如何运行起来的。

```
#include <fstream>
#include <iostream>
#include <string>
using namespace std;
```

```
int main ()
{
    // 以读模式打开文件
    ifstream file;
    file.open("./test_data");

    cout << "Reading from the file" << endl;
    while(file.good() && ! file.eof()){
        string data;
        // 从文件读取数据,并显示它
        getline(file, data);
        cout << data << endl;
    }
    // 关闭打开的文件
    file.close();

    return 0;
}
```

上述代码的主要功能是从当前路径下的文件 test_data 中读取每一行数据，然后显示在屏幕上。

程序编写好之后，通过 g++命令（g++ test.cpp -o test）编译为 ELF（Executable and Linking Format）格式可执行文件，可执行文件会被放置在外存（硬盘）上。

ELF 格式详情如图 10-5 所示。可执行文件包含文件头和一系列的 section。其中，ELF Header 文件头描述了 ELF 文件很多重要信息，如它运行的平台、支持的 CPU 类型等。Section Header Table（SHT）记录了 ELF 文件中包含哪些具体的 sections 以及每一个 section 的名称、类型、大小、在整个 ELF 文件中的字节偏移位置等。其中最重要的 section 为 .text section（装载了可执行代码）和 .data section（装载了被初始化的变量），如示例程序中的文件路径。

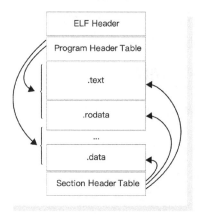

● 图 10-5　ELF 可执行文件格式

可执行文件可以在 Linux 的 terminal 中直接运行，运行命令为 ./test。如图 10-6 所示，在执行时，操作系统自带的装载器（Loader）首先将可执行文件从硬盘加载到内存中，同时操作系统的动态连接器会将程序所需要的所有动态链接库（如 C 语言函数库 libc.so）装载到进程的虚拟地址空间，并且将程序中所有未决议的符号（如示例程序中使用的 cout 函数）绑定到相应的动态链接库中，并进行重定位工作；装载完成后，程序跳转到可执行文件的入口命令处（main 函数入口）开始执行程序，示例程序不断地从磁盘上的文件中读取数据然后输出到屏幕上。

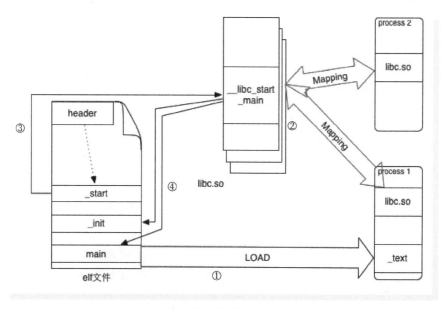

● 图 10-6　程序装载与动态连接流程

10.2　分布式系统

分布式计算机系统是指由多台分散的计算机，经网络连接而成的系统，系统的处理和控制功能分布在各个计算机上，又称分布式系统。

从系统架构的视角来看，分布式系统主要包括 4 个部分：计算、存储、通信和人机交互。其中人机交互模块和单机系统基本相同，下面主要介绍一下计算、存储和通信模块。

▶▶ 10.2.1　分布式计算

通常在互联网业务中，分布式计算的应用主要包括两大类：基于低延迟/高吞吐量目标的架构和兼顾低延迟和高吞吐量的架构。

1. 基于低延迟目标的架构

架构的设计侧重于实时性，在较低的时延内（一般为毫秒级）完成指定的计算任务，处理方式为流式处理，一条一条地接入数据进行处理。低延迟架构主要用途包括：一是满足用户的实时请求，如网页浏览、加入购物车等，该类架构主要使用微服务；二是进行实时计算，如生成用户的实时特征（最后一次点击商品的类目）等，典型的实时计算框架包括 Storm、Spark Streaming 等。

微服务体系的架构如图 10-7 所示，服务 A、B、C 分别表示由不同的服务集群提供的应用服务，如商品浏览、加入购物车、买单等。负载均衡将请求压力分发到多个服务器，以此来提高服务的吞吐量和可靠性。举例来说，假设服务 A 中一台机器可以完成每秒 10 万次服务，把机器扩充一倍，从而达到了每秒提供 20 万次服务的能力。

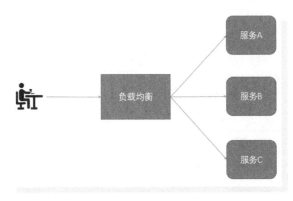

● 图 10-7　微服务体系

实时计算框架以 Storm 为例，Storm 是一个免费开源、分布式、高容错的实时计算系统。如图 10-8 所示，Storm 集群采用主从架构方式，主节点是 Nimbus，从节点是 Supervisor，有关调度相关的信息存储到 ZooKeeper 集群中。

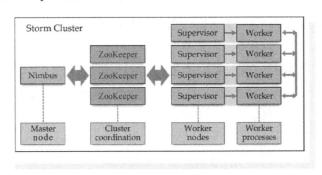

● 图 10-8　Storm 架构

各节点具体功能如下：

- Nimbus：Storm 集群的 Master 节点，负责分发用户代码，指派给具体的 Supervisor 节点上的 Worker 节点，去运行计算逻辑拓扑中的 Task。
- Supervisor：Storm 集群的从节点，负责管理运行在 Supervisor 节点上的每一个 Worker 进程的启动和终止。
- Worker：运行具体处理组件逻辑的进程。
- ZooKeeper：用来协调 Nimbus 和 Supervisor，如果 Supervisor 因故障出现问题而无法运行 Topology，Nimbus 会第一时间感知到，并重新分配 Topology 到其他可用的 Supervisor 上运行。

2. 基于高吞吐量目标的架构

设计目标为处理海量的数据，如根据用户的访问日志计算用户的长期商品偏好，该类计算任务往往离线进行，使用多个节点，每个阶段处理一部分数据，处理方式为批处理，一批一批地接入数据进行处理。典型的批处理架构为 MapReduce 和 Spark。Spark 和 MapReduce 都是 Hadoop 中最基础的分布式计算框架。区别在于 Spark 主要依赖内存迭代，MapReduce 依赖 HDFS 存储中间结果数据。Spark 的速度快于 MapReduce。

以 Spark 为例，和 Storm 一样，Spark 也采用了主从式架构，如图 10-9 所示。Spark 各个模块的具体功能如下。

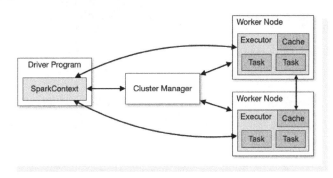

● 图 10-9 Spark 架构

- Cluster Manager：负责对集群进行管理。
- Worker 节点：从节点，负责控制计算节点，启动 Executor 或者 Driver。
- Driver：任务控制节点，负责切分任务并且调度 Task 到 Executor 执行。
- Executor：任务执行节点，运行具体的计算任务。

3. 兼顾低延迟和高吞吐量的架构

设计目标为既支持实时的流式数据处理，又支持离线的批数据处理，这种模式又称流批一体。典型的流批一体架构为 Flink。

和 Storm、Spark 类似，Flink 也采用了主从式架构，架构图如图 10-10 所示。Flink 各个模块的功能如下。

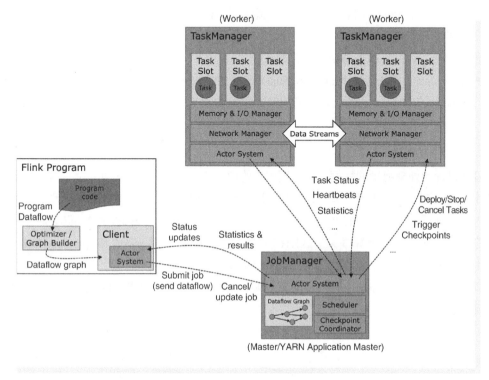

● 图 10-10　Flink 架构

- JobManager：Flink 系统的协调者，它负责接收 Flink Job，调度组成 Job 的多个 Task 的执行。同时，JobManager 还负责收集 Job 的状态信息，并管理 Flink 集群中从节点 Task-Manager。

- TaskManager：实际负责执行计算的 Worker，在其上执行 Flink Job 的一组 Task。每个 TaskManager 负责管理其所在节点上的资源信息，如内存、磁盘、网络，在启动的时候将资源的状态向 JobManager 汇报。

- Client：当用户提交一个 Flink 程序时，会首先创建一个 Client，该 Client 首先会对用户提交的 Flink 程序进行预处理，并提交到 Flink 集群中处理。

为了支持流批一体，Flink 对数据进行了抽象。任何类型的数据都可以形成一种事件流。信用卡交易、传感器测量、机器日志、网站或移动应用程序上的用户交互记录，所有这些数据都形成一种流。

数据可以被作为无界流或者有界流来处理。

- 无界流（Unbounded Stream）：有定义流的开始，但没有定义流的结束，无界流会无休止地产生数据。无界流的数据必须持续处理，即数据被获取需要立刻处理。处理无界数据通常要求以特定顺序获取事件，如事件发生的顺序，以便能够推断结果的完整性。

- 有界流（Bounded Stream）：有定义流的开始，也有定义流的结束。有界流可以在获取所有数据后再进行计算。有界流所有数据可以被排序，所以并不需要有序获取。有界流处理通常被称为批处理。

如图 10-11 所示，有界流处理是无界流处理的一种特殊情况。Flink 一个最重要的设计就是 Batch 和 Streaming 共同使用同一个处理引擎，批处理应用可以以一种特殊的流处理应用高效地运行。

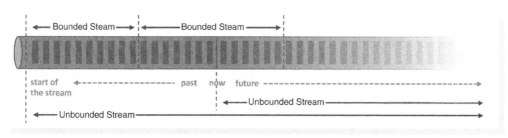

● 图 10-11　无界流和有界流

▶▶ 10.2.2　分布式存储

和分布式计算类似，在互联网业务中分布式存储的应用也主要包括两大类：一类基于低延迟设计，要求对数据进行快速读写；一类基于大容量设计，时效性要求可以放低，但是要求能对大容量的数据进行读写。

在分别介绍分布式存储的两类设计之前，首先来看一看分布式存储为什么演化成了这两类，最直接的原因是不同存储设备的时延和容量存在明显差异，低延迟和大容量不能兼顾，同时还要考虑到成本问题。

表 10-1 展示了在一个分布式系统中，一些常用的操作所需消耗的时间，从中可以看出：

1）CPU 相关的操作，执行指令以及读取 CPU 缓存等操作，耗时基本都是纳秒级别。

2）CPU 读取内存数据，耗时将是 CPU 相关操作耗时的千倍，基本上达到了微秒级别，CPU 和内存之间的速度瓶颈被称为冯·诺依曼瓶颈。

3）执行 IO 操作，即使是较快的 SSD，耗时也是内存操作耗时的千倍，基本上达到了毫秒级别。

4）如果是在更慢的磁盘上执行 IO 操作，耗时也是 SSD 操作耗时的百倍，达到了几十毫秒级别。

5）在同一个数据中心内，从另一台机器上的内存读取数据，耗时为微秒级别，比从本机的 SSD 上读取数据还要快。

6）若是需要执行网络请求跨数据中心去获取数据，则耗时是 SSD 操作耗时的千倍，可以达到秒级别。

表 10-1　分布式系统常用操作时间度量

操　　作	耗　　时	耗 时 级 别
CPU 执行一个指令	0.38ns	纳秒
CPU 读取一级缓存	0.5ns	纳秒
CPU 分支预测错误	5ns	纳秒
CPU 读取二级缓存	7ns	纳秒
互斥锁加锁与解锁	25ns	纳秒
内存寻址	100ns	纳秒
CPU 上下文切换（系统调用）	1.5μs	微秒
1Gbit/s 网络传输 2KB 数据	20μs	微秒
SSD 随机读取	150μs	微秒
内存读取 1MB 的连续数据	250μs	微秒
同一个数据中心网络上一次交互	500μs	微秒
SSD 读取 1MB 的连续数据	1ms	毫秒
磁盘寻址	10ms	毫秒
磁盘读取 1MB 的连续数据	20ms	毫秒
执行一个 ping 报文平均时间	150ms	毫秒
虚拟机重启	4s	秒
物理重启	5min	分钟

1. 基于低延迟的存储架构

上面的第 5）点提到，"在同一个数据中心内，从另一台机器上的内存读取数据，耗时为微秒级别，比从本机的 SSD 上读取数据还要快"，所以对于容量在一定限度内（超过了单机内存的限制，但是使用多台机器的内存仍然可以存储）访问时延要求比较高的场合（如实时读写用户的购物车列表），一般采用分布式内存提供服务。分布式内存是低延迟存储的典型应用，该类存储主要的框架为 Redis、memcache 等。

以 Redis 为例,如图 10-12 所示,Redis Cluster 采用无中心结构,每个节点都可以保存数据和整个集群状态,每个节点都和其他所有节点连接。Cluster 一般由多个节点组成,节点数量至少为 6 个才能保证组成完整高可用的集群,其中 3 个为主节点,3 个为从节点。3 个主节点会分配槽,处理客户端的命令请求,而从节点可用在主节点故障后,顶替主节点。如 10-12 所示,该集群中包含 6 个 Redis 节点(3 主 3 从),分别为 M1、M2、M3、S1、S2、S3。除了主从 Redis 节点之间进行数据复制外,所有 Redis 节点之间采用 Gossip 协议进行通信,交换维护节点元数据信息。总结下来就是:读请求分配给 Slave 节点,写请求分配给 Master,数据同步从 Master 到 Slave 节点。

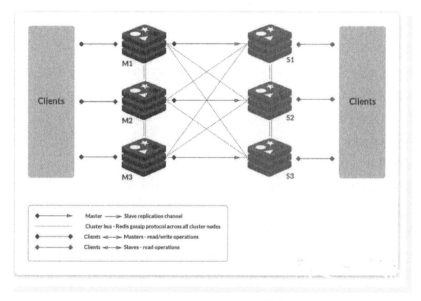

• 图 10-12　Redis Cluster 模式架构

2. 基于大容量的存储架构

除了以低时延设计为主的分布式内存,另一类分布式存储的设计目标为存储大容量的数据,如互联网用户的访问日志等,数据可达 PB 级别。该类存储往往在数据中心内部部署大量的廉价磁盘,并安装分布式文件系统提供统一的高层次访问接口。典型的分布式文件系统为 HDFS。

HDFS 采用 Master/Slave(主从式)架构。如图 10-13 所示,一个 HDFS 集群是由一个 Namenode 和一定数目的 Datanodes 组成。

1)Namenode 是一个中心服务器,负责管理文件系统的名字空间(Namespace)以及客户端对文件的访问。

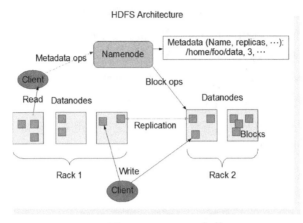

● 图 10-13　HDFS 架构

2）集群中的 Datanode 一般是一个节点一个，负责管理它所在节点上的存储。

HDFS 暴露了文件系统的名字空间，用户能够以文件的形式在上面存储数据。从内部看，一个文件其实被分成一个或多个数据块，这些块存储在一组 Datanode 上。Namenode 执行文件系统的名字空间操作，如打开、关闭、重命名文件或目录。它也负责确定数据块到具体 Datanode 节点的映射。Datanode 负责处理文件系统客户端的读写请求。在 Namenode 的统一调度下进行数据块的创建、删除和复制。

▶▶ 10.2.3　分布式协同通信

在分布式系统中涉及多台计算机组成一个集群共同完成某项服务，集群内多台计算机之间需要进行协同，多个服务集群之间需要进行通信。分布式系统中的典型协同工具为 ZooKeeper，集群之间的通信通常用消息队列（如 Kafka、RocketMQ、ZeroMQ）。打个比方，消息队列类似于邮局提供的邮政服务，而 ZooKeeper 则类似于邮局内部的网点管理系统。

ZooKeeper 是 Apache 软件基金会的一个软件项目，它为大型分布式计算提供开源的分布式配置服务、同步服务和命名注册。ZooKeeper 的一个最常用的场景就是用于担任服务生产者和服务消费者的注册中心。服务生产者将自己提供的服务注册到 ZooKeeper 中心，服务消费者在进行服务调用时先到 ZooKeeper 中查找服务，获取到服务生产者的详细信息之后，再去调用服务生产者的内容与数据。ZooKeeper 被广泛应用于多个分布式系统中，如 Storm、Hbase、Kafka 等。

ZooKeeper 的架构如图 10-14 所示，ZooKeeper 是以 Fast Paxos 算法为基础的，其中的 Server 节点分为 Leader 和 Follower。Leader 采用某种算法选举而出，只有 Leader 能为 Client 同时提供读写服务，Follower 只能提供读服务。

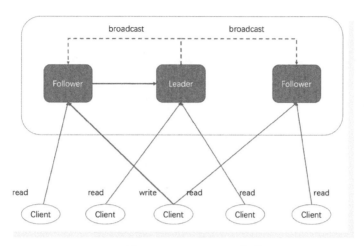

● 图 10-14　**ZooKeeper 架构**

　　消息队列是一种进程间通信或同一进程的不同线程间的通信方式。消息队列将消息存放在一个队列中，队列是一个先入先出的数据结构。如图 10-15 所示，业务系统产生消息顺序放在消息队列中，业务系统 B、C、D 可以根据需要决定是否需要消费消息队列中的消息，从而实现了各个服务集群之间的解耦。

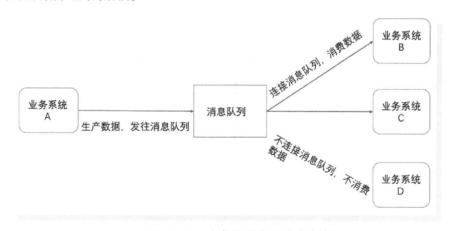

● 图 10-15　消息队列实现服务解耦

　　以 ZeroMQ 为例，ZeroMQ 是一个为可伸缩的分布式或并发应用程序设计的高性能异步消息库。它提供一个消息队列，但是与面向消息的中间件不同，ZeroMQ 的运行不需要专门的消息代理（Message Broker）。该库设计成常见的套接字（Socket）风格的 API。

　　ZeroMQ 支持请求响应、发布订阅等多种模式。

　　如图 10-16 所示，在请求响应模式中，节点角色分为 Server 和 Client，其中 Server 负责提供服务，处理请求；Client 负责发起请求。

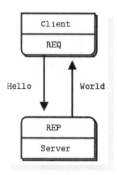

● 图 10-16　ZeroMQ 请求响应模式

如图 10-17 所示，在发布订阅模式中，节点角色分为发布者 Publisher 和订阅者 Subscriber。发布者发布消息，订阅者订阅发布者的消息。

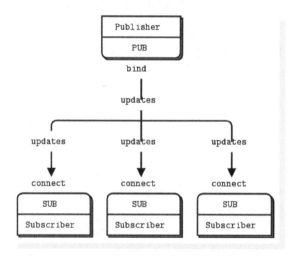

● 图 10-17　ZeroMQ 发布订阅模式

▶▶ 10.2.4　CAP 理论

从前文可以看出，不论是单机计算还是分布式计算，不论是单机存储还是分布式存储，因为低时延和高吞吐量/大容量往往不可兼得，所以在实际应用中会根据不同的业务需求对低时延、高吞吐量/大容量分别有所侧重。除此之外，还要考虑可用性等其他指标，从而形成了各种各样的计算/存储方案。

这种多个系统目标不可兼顾的情况，引申出了分布式系统中的 CAP 理论。CAP 理论是指一个分布式系统最多只能同时满足一致性（Consistency）、可用性（Availability）和分区容错性（Partition Tolerance）这三项中的两项，如图 10-18 所示。

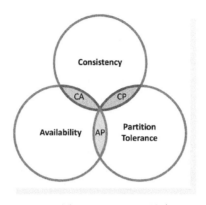

● 图 10-18　CAP 理论

一致性指 "All nodes see the same data at the same time"，即所有节点在同一时间的数据完全一致；可用性指 "Reads and writes always succeed"，即服务在正常响应时间内一直可用；分区容错性指 "The system continues to operate despite arbitrary message loss or failure of part of the system"，即分布式系统在遇到某节点或网络分区故障的时候，仍然能够对外提供满足一致性或可用性的服务。

CAP 理论的证明如图 10-19 所示，分布式系统中存在两个 Server 节点（Server 1、Server 2）和 3 个 Client 节点（Client A、Client 1、Client 2）。Client A 发送指令到 Server 1 和 Server 2 更新 X 的值，然后 Client 1 和 Client 2 分别从 Server 1 和 Server 2 读取 X。因为网络问题，Server 1 成功更新 X 而 Server 2 更新失败。采用反证法，如果允许分区容错性，系统仍然提供服务，那么 Client 1 和 Client 2 将读取到不同的 X 值，违背了一致性；如果要保持一致性，因为 Client A 对 Server 2 的写操作失败，那么 Client A 对 Server 1 的写操作也必须失败，从而影响了可用性。因此，从这个例子可以看出，一个分布式系统无法同时完全满足一致性、可用性和分区容错性这三项。

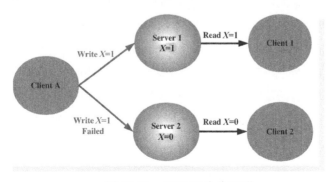

● 图 10-19　CAP 理论的证明

因为 CAP 理论的存在，分布式系统往往只能满足一致性、可用性和分区容错性中的两项，按照这个维度，分布式系统可以划分成三种架构——CP、CA 和 AP，如图 10-18 所示。

- CP 架构：重点关注一致性和分区容错性。采用该架构的分布式系统有 ZooKeeper 等。
- AP 架构：重点关注可用性和分区容错性。绝大多数的互联网系统都采用了 AP 架构，分布式机器学习系统也是采用了 AP 架构。
- CA 架构：重点关注一致性和可用性。在金融业务中通常会采用 CA 架构。

▶▶ 10.2.5 一点思考

除了分布式系统，在其他领域也普遍存在这种"鱼和熊掌不可兼得"的情况，如金融领域的蒙代尔不可能三角和数理逻辑领域的哥德尔不完备性定理。

如图 10-20 所示，蒙代尔不可能三角是指作为等边三角形的三个角点，货币政策独立性、资本自由流动和固定汇率不可兼得，只能三者取其二。

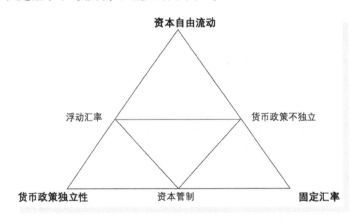

● 图 10-20 蒙代尔不可能三角

如图 10-21 所示，哥德尔不完备性定理是指任何蕴含皮亚诺算术公理的形式系统不能同时具有完备性、一致性和有效公理化的存在性三个性质。以欧氏几何为例，一般来说任何几何定理都可以从欧氏几何给定的若干定义和公理推导而出，但是哥德尔不完备性定理却指出，在欧氏几何中，要么存在一个定理无法被证明，要么存在两个矛盾的定理同时可证明为真。

追求大一统的基础理论是每一个学科的最高理想，大一统意味着一种简洁和谐的美。在 19 世纪末到 20 世纪初，数学界曾经发起过一场轰轰烈烈的公理化运动，数学家们尝试为每一门数学的分支都建立起一个公理化体系，然而哥德尔不完备性定理证明了一个完美的数学公理体系是不存在的。

从金融、数理逻辑等领域的不可能三角可以看出，完美的事物是不存在的，不完美才是世界的常态,任何事物都具有两面性。也正是因为不完美,在不同的情况下需要有所侧重,才构成了世界的多样性,计算机领域才形成了丰富多样、各具特色的技术方案。

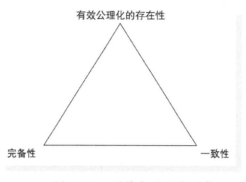

● 图 10-21　哥德尔不可能三角

10.3　分布式系统示例

前面分别讲述了分布式系统中的计算、存储和通信。在大型的互联网业务中,往往会同时集成这些系统。

典型的大型网站业务系统技术架构如图 **10-22** 所示。

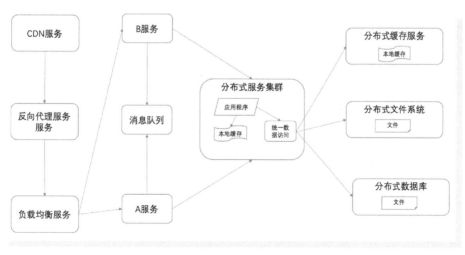

● 图 10-22　大型网站业务系统分布式架构

其核心设计要点如下。

1）使用负载均衡和应用服务器集群提高网站的并发处理能力。

2）使用分布式文件系统和分布式数据库系统分别提供低延迟和大容量的数据服务，如分布式文件系统可以用来存储日志，实时性要求不高但是容量大；分布式内存可以用来提供实时性要求较高的数据服务，如查询某个商品的库存。

3）使用微服务架构简化业务和架构设计。

4）使用消息队列进行服务间通信。

5）使用缓存和数据读写分离提升性能。

10.4　分布式编程示例

上面的章节介绍了分布式系统的一些概念和构成，下面以一个简单的示例来介绍分布式程序如何编写和运行。

一般而言，大多数的分布式程序都采取了 Server/Client 模式，也就是主从式架构。Client 向 Server 发出请求，Server 接到请求后进行处理然后将结果发送回 Client。Server 和 Client 端实现的功能不同，在实现时会被设计成不同的可执行程序。下面的代码实现了一个简单的 Server/Client 程序，其中通信模块采用了 ZeroMQ。

Server 代码如下。

```cpp
//  Hello World server

#include <zmqpp/zmqpp.hpp>
#include <string>
#include <iostream>
#include <chrono>
#include <thread>

using namespace std;

int main(int argc, char * argv[]) {
  const string endpoint = "tcp://* :5555";

  // 初始化 Zero MQ 上下文
  zmqpp::context context;

  // 生成一个 socket 连接,用于 pull 操作
  zmqpp::socket_type type = zmqpp::socket_type::reply;
  zmqpp::socket socket (context, type);
```

```
// 绑定到 socket 连接上
socket.bind(endpoint);
while (1) {
  // 用于接收消息
  zmqpp::message message;
  // 分解消息
  socket.receive(message);
  string text;
  message >> text;

  // 进行消息处理工作
  std::this_thread::sleep_for(std::chrono::seconds(1));
  cout << "Received Hello" << endl;
  socket.send("World");
}
```

Client 代码如下。

```
//  Hello World client
#include <zmqpp/zmqpp.hpp>
#include <string>
#include <iostream>

using namespace std;

int main(int argc, char * argv[]) {
  const string endpoint = "tcp://localhost:5555";

  // 初始化 Zero MQ 上下文
  zmqpp::context context;

  // 生成一个 socket 连接,用于 push 操作
  zmqpp::socket_type type = zmqpp::socket_type::req;
  zmqpp::socket socket (context, type);

  // 打开连接
  cout << "Connecting to hello world server…" << endl;
  socket.connect(endpoint);
  int request_nbr;
  for (request_nbr = 0; request_nbr != 10; request_nbr++) {
    // 发送一个消息
    cout << "Sending Hello " << request_nbr <<"…" << endl;
    zmqpp::message message;
    // 组装消息
```

```
    message << "Hello";
    socket.send(message);
    string buffer;
    socket.receive(buffer);

    cout << "Received World " << request_nbr << endl;
  }
}
```

如图 10-23 所示，Server 首先利用 ZeroMQ 建立了一个监听信道，信道地址为 "tcp：// * ：5555"，其中 * 部分为默认为 Server 端的 IP 地址；然后 Server 端对信道进行监听，每当信道里收到了一个请求，就回复 "World"。

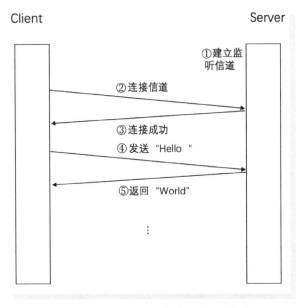

• 图 10-23 示例分布式系统工做流程

Client 端首先利用 ZeroMQ 连接到 Server 端的监听信道，如果 Server 和 Client 在同一台机器上执行，那么信道地址为 "tcp：//localhost：5555"，否则将 "localhost" 替换为 Server 的 IP 地址；然后 Client 向 Server 发送消息 "Hello"，然后接收 Server 返回的 "World"，上述过程重复10 次。

上述代码使用了 ZeroMQ 的请求响应模式，注意在使用该模式发送和接收消息是需要遵循一定规律的。客户端首先使用 zmq_send( ) 发送消息，再用 zmq_recv( ) 接收，如此循环。如果打乱了这个顺序（如连续发送两次）则会报错。类似地，服务端必须先进行接收，后进行发送。

可以用邮局和客户来类比 Server 和 Client。邮局首先建立了一个邮筒（监听信道），客户写了一封信通过邮筒发给邮局，邮局收到信件后通过邮筒进行了回信，客户接到回信。

代码编写完成后，进行执行阶段。分别将 Server 和 Client 的代码编译为可执行程序 ELF 格式。在运行时，首先在某台机器上启动 Server，然后在另一台机器上启动 Client。

10.5 小结

分布式机器学习系统首先是一个分布式系统，分布式系统在计算、存储、通信等方面与单机系统存在显著的不同。

本章介绍了单机和分布式系统中计算、存储、通信等各个模块，并给出了单机、分布式系统的编程实例，以方便读者进行对比理解。

细心的读者可以发现，不管是分布式计算、存储还是通信，大部分的系统都是 Server/Client 模式（主从式架构），Server 和 Client 分工不同。和主从式架构相对应，另一种分布式架构为 Peer 2 Peer 模式（平等式架构），系统中的每一个节点地位相同，都具有同样的职责。在分布式机器学习系统中，两种架构都得到广泛应用，下一章将进行详细介绍。

第11章

分布式机器学习设计与实现

分布式机器学习不同于一般的分布式系统，有很多特有的问题需要解决。在模型进行分布式训练时，丢失一个样本或者梯度并不影响模型的最终收敛，因此分布式机器学习系统更加强调可用性和分区容错性，对一致性可以低优先级考虑。本章首先介绍机器学习应用系统的总体设计，然后分析分布式机器学习平台设计需要考虑的因素，最后介绍如何使用参数服务器（Parameter Server）实现一个分布式机器学习系统。

11.1 机器学习应用系统设计

典型的内容分发业务中使用的机器学习系统设计如图 11-1 所示。

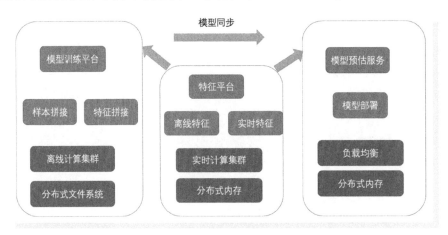

● 图 11-1 分布式机器学习系统设计

其核心设计要点如下。

1）使用分布式离线存储和离线计算平台进行样本拼接和特征拼接。

2）使用实时计算和分布式内存进行实时特征的生成和应用。

3）使用分布式 CPU 和 GPU 集群进行模型训练。

4）使用负载均衡和分布式模型服务集群来提供高并发的模型服务。

分布式离线存储和计算平台、分布式内存和实时计算平台前文已经做了简单介绍，下面重点介绍一下分布式机器学习的设计和实现。这里提到的分布式机器学习意指模型的分布式训练。

11.2 分布式机器学习设计

分布式机器学习使用多台机器/多个进程并行进行模型训练，极大提高了训练的速度。由于分布式机器学习需要多台机器/多个进程进行协作，那么自然就会涉及各个节点之间的角色如何分工、如何通信等问题。从这些问题出发，可以对分布式机器学习的技术框架进行不同的分类。下面从并行方式、节点协作方式、梯度更新方式三个方面对分布式训练技术进行一下介绍。

▶▶ 11.2.1 并行方式

分布式机器学习的并行方式包括数据并行、模型并行、流水并行。其中数据并行是指每个节点使用样本集的一部分对整体模型进行训练，如图 11-2 所示。但有时候模型的网络参数过大，单机内存放不下，则会使用模型并行。模型并行是指每个节点都使用整体样本对模型的一

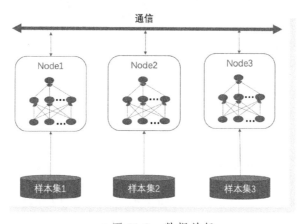

● 图 11-2 数据并行

部分进行训练，如图 11-3 所示。流水线并行是广义模型并行的一种特例，如图 11-4 所示，通过多个设备来共同分担显存消耗，同时只在相邻的设备之间进行通信，因此通信张量较小。在工业界，数据并行因为其实现简单，从而得到了更加广泛的应用。

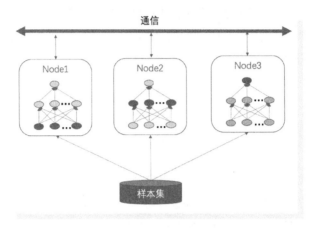

● 图 11-3　模型并行

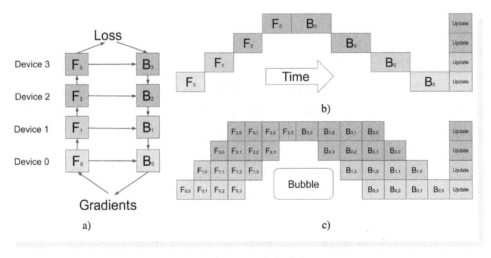

● 图 11-4　流水并行

▶▶ 11.2.2　节点协作方式

分布式机器学习涉及多个进程/主机之间的协作。多节点的协作方式主要包括两种：

1）节点之间分工不同，存在主从关系，如网络服务领域经典的 Server-Client 模式以及金融服务领域银行–消费者的模式。

2）所有节点分工相同，地位平等，典型的案例为 P2P（Peer to Peer）网络或者金融服务领域的 P2P（Person to Person）金融。

模型分布式训练同样可以根据协做方式的不同分为两类：主从式架构（Parameter Server）和对等式架构（All Reduce）。

Parameter Server 又称参数服务器，是一种主从式架构，其架构如图 11-5 所示。

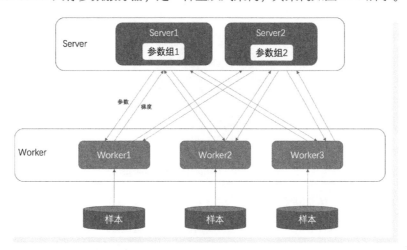

● 图 11-5　Parameter Server 架构

在 Parameter Server 模式中，节点主要包括两类：Server 和 Worker。Server 节点存储了模型参数包括 embedding 词表和网络参数，并接受 Worker 传递回来的梯度对参数进行更新；Worker 节点主要进行模型的训练任务，从 Server 节点拉取模型参数、计算梯度并将模型参数的梯度回传至 Server 节点对参数进行更新。Parameter Server 模式下训练的主要流程如下。

1）初始化 Server 和 Worker 节点。

2）Worker 节点加载训练数据。

3）Worker 节点将本轮次所用到的模型参数从 Server 节点拉取（Pull）回来。

4）Worker 节点进行模型训练，计算出梯度。

5）Worker 节点将模型参数的梯度推送（Push）到 Server 节点。

6）Server 节点根据 Worker 节点上传的梯度更新模型参数。

7）重复步骤 2）~ 步骤 6），直至完成预定的训练轮次。

All Reduce 是一种平等架构，所有的节点既负责模型的训练，又负责模型参数的存储和更新。All Reduce 有多种实现方式，目前一种主流的实现方式为 Ring All Reduce。在 Ring All Reduce 架构中，所有的节点按序排列在一个环上（该拓扑结构类似于通信结构中的令牌环网），其架构如图 11-6 所示。

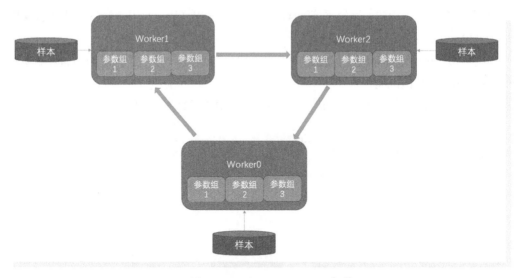

● 图 11-6 Ring All Reduce 架构

Ring All Reduce 的主体流程如下。

1）每个 Worker 读取样本的一部分进行训练，更新本地参数。

2）将参数的一部分发给环上的下一个节点。假设参数分为 m 组，节点总数为 n，迭代次数为 k，需要发送的参数组为 $(m+k)\%n$。

3）根据上一个节点发过来的参数更新本地参数。

4）重复步骤 1）~步骤 3），直至训练结束。

Parameter Server 设计简单、容易实现，All Reduce 通信开销小、训练速度快，两者在业界都得到了大规模使用。

▶▶ 11.2.3 模型更新方式

目前在主流的分布式机器学习平台中，模型的更新方式仍然是以基于梯度下降的各种优化器为主。

梯度更新方式包括同步更新和异步更新方式。在 Parameter Server 架构中，一个参数往往会有多个 Worker 进行梯度更新。如果 Server 等待所有 Worker 的梯度全部计算完成和上传后再对参数进行更新，则为同步更新，如图 11-7 所示；如果任意一个 Worker 完成了梯度计算和上传后 Server 就对参数进行更新，则称之为异步更新，如图 11-8 所示。

同步更新的模型训练效果比异步更新稍好，但是因为机器的训练速度不一，同步更新方式容易出现性能瓶颈，训练效率和机器利用效率较低。所以，在具有大量样本的业务场景中，往往采用异步更新。

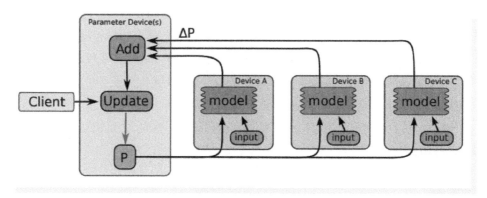

• 图 11-7　同步更新

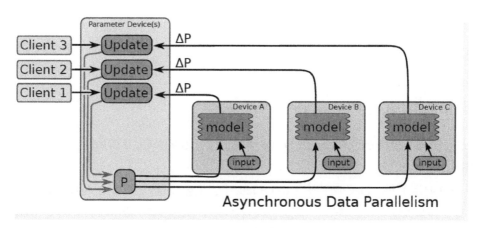

• 图 11-8　异步更新

11.3　常用的分布式学习框架

　　目前工业界主流的深度学习框架为 TensorFlow、PyTorch 和 PaddlePaddle。TensorFlow 是谷歌公司在 2015 年推出的一个深度学习框架，因为谷歌的巨大影响力，该框架在开源之后迅速在业界推广开来。PyTorch 是 2016 年由 Facebook 推出的深度学习框架，开发简便，深受学术界欢迎，近年来在工业界的应用日益扩展。PaddlePaddle 是百度公司在 2018 年开源的深度学习框架，在中国深度学习平台市场份额第一。这些深度学习框架功能强大，支持同步/异步更新、Parameter Server/All Reduce 模式、声明式/命令式编程等功能，并且都可以用 GPU 进行加速，支持多端部署。

由于 TensorFlow 等软件在发布之初对于分布式训练、大容量模型、实时学习等支持不足，所以各大互联网公司纷纷推出了自己的分布式机器学习框架，典型的如谷歌的 GPipe、微软的 DeepSpeed、Uber 的 howord、阿里的 XDL 等。这些分布式机器学习框架一般都是在 TensorFlow、PyTorch、PaddlePaddle 的基础上添加分布式训练功能，从而支持实际业务中海量数据、超大规模参数的模型训练任务，除此之外，还支持 CPU/GPU 异构训练等特性。

本书实现的 PS-DNN 即是在单机 DNN 训练框架的基础上叠加 PS Lite，从而可以支持深度学习模型的分布式训练。

11.4 PS Lite 介绍

本节基于开源的 PS Lite 框架实现了基于数据并行的、采用 Parameter Server 架构的、异步更新的分布式训练。下面首先对 PS Lite 进行简单介绍，然后再讨论如何将 PS Lite 应用在模型训练中。

▶▶ 11.4.1 代码架构

PS lite 是一个轻量级的 Parameter Server 实现，作者为李沐等，目前已经被应用在深度学习框架 Mxnet 中。

图 11-9 展示了 PS Lite 的架构图，在 PS Lite 中，主要节点包括三种：Scheduler 节点负责节点的管理，并帮助建立和维护整个分布式网络；Server 节点存储了模型参数并接受 Worker 回传的梯度对参数进行更新；Worker 节点主要进行模型的训练任务，从 Server 节点拉取模型参数、计算梯度并将模型参数的梯度回传至 Server 节点。

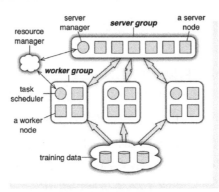

● 图 11-9 PS Lite 工程架构示意图

如图 11-10 所示，PS Lite 的代码架构可以分成三部分：一部分是通信层，构造分布式网络和通信；另一部分是业务逻辑层，包括 Server 和 Worker 节点；最后是中间层，负责联络通信层和业务逻辑层。

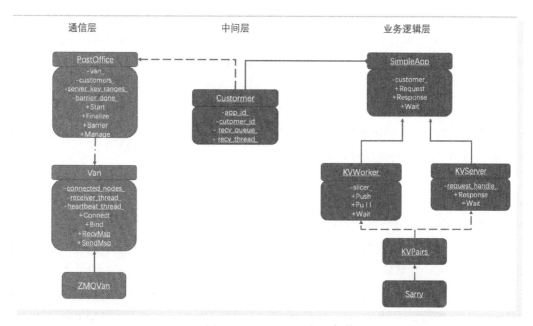

● 图 11-10　PS Lite 代码架构

1. 通信层

PS lite 通信层核心类的命名十分有特点，其把整个分布式通信网络比喻成一个邮政系统。

PostOffice 类意指邮局，其中存放着客户名单 Customers、当前节点的角色（Server，Worker，Scheduler），同时也是全局管理者，管理和其他节点的连接、心跳信息等。每个节点在都会有一个邮局，该类为单例模式。

Van 类为货车，每个邮局中都有一个货车 Van。Van 类建立了节点之间的互相连接（如 Worker 与 Scheduler 之间的连接），并且开启本地的 Receiving Thread 用来监听收到的 Message。Message 可分为两类：控制信息，如 TERMINATE（终止程序）、ADD_NODE（添加节点）、BARRIER（同步）、HEARTBEAT（心跳检测）；数据信息，主要用来在 KVServer 和 KVWorker 之间传递参数和梯度，数据信息最终会经过 Customer 类转发给业务逻辑层处理。

Van 只定义了接口，具体实现是依赖 ZMQ 实现的 ZMQVan。

2. 业务逻辑层

业务逻辑层是通信层的客户，其中的 KVServer 和 KVWorker 分别负责了 Server 端和 Client

端的主要工作。

SimpleApp 是一个简单的应用类，该类可以发送接收 int 型的 head 和 string 型的 body 消息，以及注册消息处理函数。KVServer 和 KVWorker 都是 SimpleApp 的子类。

KVServer 主要负责保存 key-value 数据并进行更新，用户也可以自定义 KVServer 的核心逻辑，包括 key_value 存储方式以及如何处理从 KVWorker 发送过来的 Pull 和 Push 请求。该类的 Process( ) 函数会被注册到 Customer 对象中，当 Customer 对象的 receiving thread 接受到消息时，就调用 Process( ) 对数据进行处理。在运行时，参数的 key 一般为 uint64_t 类型，取值区间为【0，numeric_limits< uint64_t>∷ max( )（记为 kMaxKey）】。key 会被均匀切段，每个 KVServer 存储其中的一段。假设 KVServer 节点共有 N 个，那么第 i 个 KVServer 会存储的 key 范围为【kMaxKey * i/N、kMaxKey * $(i+1)/N$】。

KVWorker 主要负责从 KVServer 中 Pull 参数，然后 Push 梯度到 KVServer 中。Pull 的参数和 Push 的梯度都会组装在 KVPairs 中。Push( ) 和 Pull( ) 都会调用 Send( ) 函数，Send( ) 首先对 KVPairs 进行切分，然后切分后的 SlicedKVpairs 就会被发送给不同的 KVServer。

KVPairs 为业务节点之间传送模型参数信息使用的数据结构，其中 keys 为参数，vals 为参数的值，lens 为每个参数值的长度。注意，在使用时用户需自己保证 keys 中的参数是升序的。假设 KVWorker 需要 push 两个参数 14 和 25 的梯度到 KVServer。参数 14 的维度为 2、梯度为 [0.1，-0.3]，参数 25 的维度为 1、梯度为 [0.6]，那么此次 Push 所用到的 KVPairs 将组装如下：keys=[14,25]，vals=[0.1,-0.3,0.6]，lens=[2,1]。

SArray 也就是 Shared array，采用 std∷ shared_ptr 实现，主要是进行 Zero Copy，降低计算和存储开销，提升性能。

3. 中间层

中间层负责联络业务逻辑层和通信层，其核心类为 Customer。

每一个 KVWorker 或者 KVServer 都有一个 Customer 成员，该对象负责将 KVServer 或者 KVWorker 的请求或回复通过邮局发给其他的节点，同时将其他节点的请求或者回复发给业务逻辑层。

Customer 对象维护 request 和 response 的状态，其中，tracker_成员记录每个请求发送给了多少节点以及从多少个节点返回。Customer 会启动一个 receiving thread，处理来自于 Van receiving thread 的消息。

▶▶ 11.4.2　工作流程

上一小节介绍了 PS Lite 的代码，本小节介绍 PS Lite 的工作流程，包括如何建立起整个分布式网络、如何进行同步、以及如何进行数据的传输。

1. 启动

PS Lite 同时支持多线程和多进程模式。在多进程模式下，启动并建立通信的过程如图 11-11 所示。

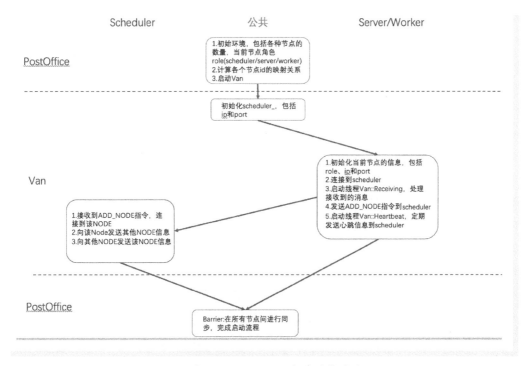

● 图 11-11　PS Lite 启动通信流程

每个进程（节点）都会有一个启动阶段，启动（Start）阶段的主要工作就是为各个节点分配角色并建立连接。每个节点在启动阶段完成后都记录好了所有其他节点的角色（scheduler/server/worker）和连接信息（ip/port）。

2. 同步

节点启动的最后一个动作是同步（Barrier），也就是所有的节点都完成启动阶段后，才会开始运行业务逻辑。另外，在节点终止（Finalize）的过程中，第一个动作也是同步，意指所有节点都完成业务逻辑后，才会全系统终止。

Barrier 命令用于在多个节点之间进行同步。图 11-12 展示了一个涉及所有节点的同步流程。在该流程中总共发布了两轮 Barrier 命令：第一轮是所有节点发往 Scheduler 节点，request = true，表示所有节点分别运行到了同一状态（如 start 最后一步或者 finalize 的第一步）；第二轮是 Scheduler 往所有节点发送 Barrier 命令，request=false，表示同步完成，各个节点可以结束堵塞，继续运行。

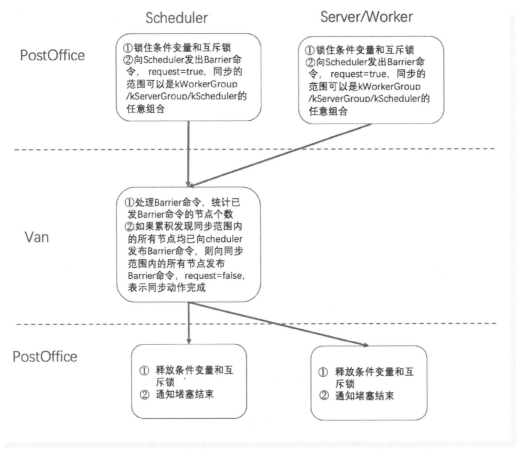

● 图 11-12　PS Lite 同步流程

3. Pull/Push

PS Lite 启动并建立了通信后，就可以开始执行业务逻辑了。业务逻辑的实现主要是通过 Worker 往 Server Pull 参数和 Push 梯度实现的。Push 和 Pull 的基本流程是类似的，以 Push 命令为例，Push 的执行流程如图 11-13 所示。

Worker 在 Push 梯度时，需要将 Push 数据组织成 3 个列表：keys、values 和 lens。其中，keys 存放着本次需要更新的模型参数，按照升序排序；values 存放着每个参数的梯度，存放顺序和 keys 一致；lens 存放着每个参数的维度。

Worker 发起 Push 命令后，首先调用 KVWorker 将 keys 按照每个 Server 对应的参数范围进行分割，然后将分割后的数据通过 Van 对象发往各个 Server。

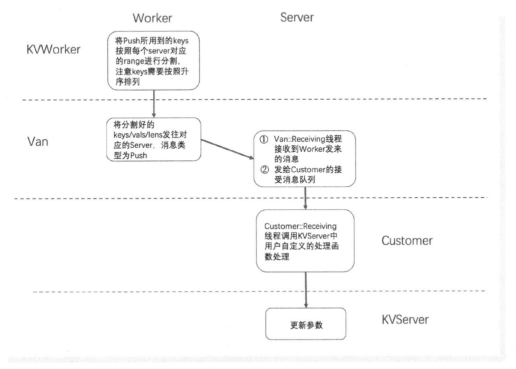

● 图 11-13　PS Lite Push 命令执行流程

Server 中 Van 对象的消息监听进程收到 Push 请求后，发往 Customer 对象的接受消息队列，然后调用 KVServer 中的自定义处理函数进行处理。

KVServer 自定义处理函数对 Push 消息的主要处理就是使用接收到的梯度和指定的优化器对参数进行更新。

11.5　分布式训练实现

前面简单介绍了分布式机器学习的设计要素和一个轻量级的 Parameter Server——PS Lite，本节介绍如何实现一个基于 PS Lite 的分布式机器学习训练平台。

▶▶ 11.5.1　架构设计

在本书第 2 部分实现的单机 DNN 训练框架中，模型的 embedding 词表和网络参数存放在本机的内存中，使用时直接从相应的数据结构中进行读取，计算出梯度后使用优化器更新。

如图 11-14 所示，在分布式设计中，模型的 embedding 词表和网络参数将放置在 PS Lite 的 Server 节点中。训练过程由 Worker 节点负责，在训练时，Worker 节点从 Server 节点使用 Pull 命令获取本批次样本所需的稀疏特征 embedding 以及网络结构参数，完成正向传播、损失函数计算和反向传播，反向传播计算出的梯度将通过 Push 命令回传给 Server 节点，Server 节点使用优化器对本次样本涉及的特征 embedding 和网络参数进行更新。

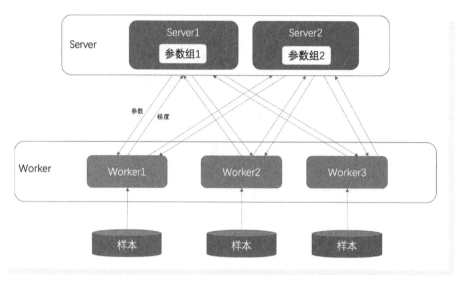

● 图 11-14　PS-DNN 分布式训练设计

▶▶ 11.5.2　代码实现

在单机 DNN 的基础上使用 PS Lite 支持分布式训练主要做两方面的工作：自定一个 Server 对象，实现参数存储和更新等功能；Worker 节点从本地取参数改为从 Server 读取参数，梯度计算出后不在本地进行更新而是回传至 Server。

本文框架中，服务器端的处理类是 PSServer，客户端的处理函数是 run_worker，两者分别调用了 KVServer 和 KVWorker。PSServer 节点将负责参数（包括 embedding 词表和网络参数）的储存与更新。

```
classPSServer
{
public:
    PSServer(int app_id, string dnn_conf_file, int server_id, string
key2value_file, string last_key2value_file):
        _app_id(app_id), _server_id(server_id),
```

```
_key2value_file(key2value_file),
_last_key2value_file(last_key2value_file);
    ~PSServer() { cout << "destroy PSServer" << endl;
save_key2value(_key2value_file);}

    void load_key2value(string file_name);
    void save_key2value(string file_name);

private:
    IniFile DnnIni;//模型配置文件
    string _key2value_file;//当前版本的模型保存文件
    string _last_key2value_file;//前一个版本的模型保存文件
    int _emb_dim;//embedding 维度
    int _app_id;
    int _server_id;
    Optimizer* _opt;//优化器
    ps::KVServer<float>* server;
    unordered_map<ps::Key, Vector> _store;//存放模型参数
    void req_handler(ps::KVMeta const& meta, ps::KVPairs<float>
const& data, ps::KVServer<float>* server); //回调函数,处理 worker 发过来的请求
};
```

  PSServer 的类定义如上述代码所示，在 PSServer 中，模型参数存放在一个 unordered_map 结构中，存储的具体数据为模型参数名的 hash 值和参数的值。unordered_map 数据结构基于 Hash 实现，可以快速地进行参数的查找和添加。Server 端的主要功能逻辑由回调函数 req_handler 来完成，该函数接受 client 端发过来的请求，并给予回复，其逻辑流程如图 11-15 所示。

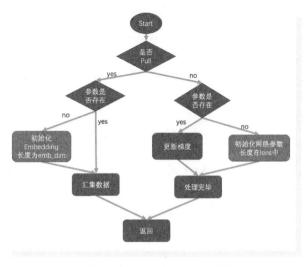

● 图 11-15   PSServer 处理流程

从 Worker 发过来的请求主要包括两种：

1）Pull 请求。获取当前批次样本涉及的稀疏特征 embedding 以及网络结构参数，如果 embedding 不存在则进行初始化。

2）Push 请求。返回特征 embedding 和网络结构参数的梯度，如果对应的网络结构参数不存在，则进行初始化。

下面的代码为 PSServer 回调函数的具体实现，处理了 Server 侧的主逻辑。

```cpp
void PSServer::req_handler(ps::KVMeta const& meta,
ps::KVPairs<float> const& data, ps::KVServer<float>* server)
{
    ps::KVPairs<float> res;
    if (meta.pull){ //Worker 请求拉取参数
        vector<float>vals;
        for (auto i = 0; i < data.keys.size(); ++i){
            auto k = data.keys[i];
            // !!!!!!!!!!!!! embedding 在 pull 阶段初始化
            if ((_store.find(k)) == _store.cend()){//_store 存储了模型参数
                if (k == 0){ //0 是个特殊的稀疏特征,其 embedding 为全 0
                    Vector v = Vector::Zero(_emb_dim);
                    _store[k] = v;
                }
                else{ // 随机初始化
                    Vector v(_emb_dim);
                    set_normal_random(v.data(), v.size(), 0, 0.05);
                    _store[k] = v;
                }
            }
            auto p = _store[k].data();
            auto n = _store[k].rows();
            res.keys.push_back(k);
            res.lens.push_back(n);
            copy(p, p+n, back_inserter(vals));
        }
        res.vals.CopyFrom(vals.cbegin(), vals.cend());
    }else{ //Worker Push 梯度,请求更新参数
        auto offset = 0;
        for (auto i = 0; i < data.keys.size(); ++i){
            auto k = data.keys[i];
            auto n = data.lens[i];
            // !!!!!!!!! 非 embedding 参数在 push 截断初始化
            if (_store.find(k) == _store.cend()){
                Vector v(n);
                set_normal_random(v.data(), v.size(), 0, 0.05);
```

```
          _store[k] = v;
      }
      // 梯度更新
      else {
        Vector v = Vector::Zero(n);
        Eigen::Index j = 0;
        for (auto pos = offset; pos < offset + n && j < n; ++pos, ++j){
          v(j) = data.vals[pos];
        }
        if (k != 0){
          Vector::AlignedMapType _store_vec(_store[k].data(), _store[k].size());
          Vector::ConstAlignedMapType grad_vec(v.data(), v.size());
          _opt->update(_store_vec, grad_vec);
        }
      }
      offset += n;
    }
  }
  server->Response(meta, res);
}
```

　　一般而言，模型的参数需要 Worker 往 Server 发送一个 Push 请求进行初始化，然后再进行 Pull 操作从 Server 端获取参数，因为只有 Push 消息才能携带指明参数长度的信息（lens）给 Server。为了提升性能，此处将模型的参数分为 embedding 词表和网络参数分别进行处理。Worker 在启动时，将单独发送一个 Push 请求，从而在 Server 端初始化所有的网络参数；而 embedding 词表将在 Pull 阶段进行初始化，如果 Worker 端需要拉取的 embedding 项不存在时，则在 Pull 请求处理时初始化一个长度为 emb_dim 的向量，发给 Worker。注意，在特征词表中，编号为 0 的稀疏特征的 Hash 值为 0，并且 embedding 为一个全 0 向量、从不更新。

　　如图 11-16 所示，相比于单机模式，PS Lite 模式下 Worker 阶段的不同主要体现在三个方面：启动阶段通过 Push 命令在 Server 上初始化网络参数；训练每个 batch 时，先从 Server 端将本次 batch 所需的 embedding 和网络参数从 Server 端 Pull 到本地；每个 batch 训练完成，将梯度 Push 到 Server 进行处理。

　　初始化网络参数、获取参数的值、发送梯度 3 个步骤在具体细节上有较多相同之处。下面以获取参数的值为例进行简单介绍，该步骤的主要工作流程如图 11-17 所示。

　　为了使得模型的参数可以在多个 Server 上的分布较为均匀，模型的参数会 hash 为一个 uint_64 类型编码，在 Push 和 Pull 操作中参数 keys 中存放的就是该编码。数据结构 param2key 存储了这种 hash 关系。稀疏特征的 embedding 和网络参数，分两次 Pull。

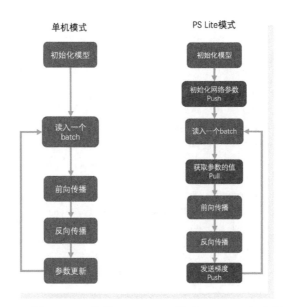

● 图 11-16　单机 vs PS Lite 模式 Worker 主流程

● 图 11-17　Worker Pull 流程

Worker 获取参数值的代码如下所示。

```
void Procedure::get_values_from_ps_server(const Matrix3D&
sparse_batch){
  //0.获取本批次的稀疏特征
  ParamInfo sparse_param = dnn.get_sparse_parameters(sparse_batch);
  //1.对稀疏特征值进行 hash,以便 Key 可以均匀分布在各个 KVServer 上,防止出现单点瓶颈
  map<ps::Key, int> sparse_keys_counts; //KVServer 要求 Pull/Push 的参数 keys 是有序的,此
处使用 map 协助进行排序
  vector<string> params = sparse_param.params;
  int dim = sparse_param.dim;
  int keys_count = params.size();
  int total_dim = keys_count* dim;
  for (int i=0; i<params.size(); i++){
    stringparam = params[i];
    ps::Key key;
    if (param2key.find(param) == param2key.end()){
      key = hash_fn(param);
      param2key[param] = key;// param2key 存储参数到 hash 值的映射
      key2param[key] = param;// key2param 存储 hash 值到参数的映射
      key2dim[key] = dim; // key2dim 存储 hash 值到参数维度的映射
    }
    else
      key =param2key[param];
    sparse_keys_counts[key] = 1;
  }
  sparse_keys.resize(keys_count, 0);
  sparse_vals.resize(total_dim, 0);
  sparse_lens.resize(keys_count, 0);

//组装 Pull 所需的 sparse_keys 和 sparse_lens
  int index = 0;
  for (auto&t : sparse_keys_counts){
    ps::Key key = t.first;
    sparse_keys[index] = key;
    sparse_lens[index] = key2dim[key];
    index += 1;
  }
  //2.从 server 获取稀疏特征的 embedding
  _ps->Wait(_ps->Pull(sparse_keys, &sparse_vals));
  ParamMap sparse_param_and_values = proc_ps_response(sparse_keys, sparse_vals);
  //3.填充 emb_dict
dnn.set_sparse_parameters_and_values(sparse_param_and_values);
  //4.获取网络参数
  _ps->Wait(_ps->Pull(fc_keys, &fc_vals));
```

```
    ParamMap fc_param_and_values = proc_ps_response(fc_keys, fc_vals);
    //5.设置网络参数
    dnn.set_fc_parameters_and_values(fc_param_and_values);
}
```

Pull 使用的 sparse_keys 和 fc_keys 都要求是升序，所以使用了 map 数据结构协助进行排序。C++ map 的实现基于红黑树，排序的复杂度为 $O(n\log n)$。网络参数 fc_keys 已经在 worker 初始化的时候完成了 hash 和排序。

▶▶ 11.5.3　程序运行

本小节介绍在一台具备多核处理器的机器上如何启动分布式训练系统。

首先启动各个节点，脚本如下所示。

```
#! /bin/bash
#set -x
make -j10
version=v16
model=dnn
export PS_VERBOSE=1
export DMLC_NUM_SERVER=8
export DMLC_NUM_WORKER=20
bin=./dist_multi_process

#start the scheduler
export DMLC_PS_ROOT_URI=' 127.0.0.1'
export DMLC_PS_ROOT_PORT=' 8901'
export DMLC_ROLE=' scheduler'
echo "start scheduler"
 ${bin} scheduler

#start servers
export DMLC_ROLE=' server'
for ((i=0; i<${DMLC_NUM_SERVER}; ++i)); do
    export HEAPPROFILE=./S ${i}
    echo "start server $ i"
     ${bin}server   $ i
Done

#start workers
export DMLC_ROLE=' worker'
for ((i=0; i<${DMLC_NUM_WORKER}; ++i)); do
    export HEAPPROFILE=./W ${i}
    echo "start worker $ i"
```

```
    ${bin} worker $ i
Done
```

PS Lite 在启动时需要指定很多环境变量, 如 DMLC_PS_ROOT_URI、DMLC_PS_ROOT_
PORT、DMLC_ROLE, 每个节点都通过这种环境变量来记录 scheduler 的地址和自己的角色。节
点运行的主函数如下。

```
int main(int argc, char*  argv[])
{
  string role = argv[1];

  //初始化当前节点,建立和其他节点的通信
  ps::Start(0);

  bool isWorker = (strcmp(role.c_str(), "worker") == 0);
  if (! isWorker) {
if (ps::IsServer()) {
int server_id =stoi(argv[2]);
    auto server = new PSServer(0, server_id);
    auto onExit = [server](){delete server;cerr << "Delete PSServer" << endl;};
    ps::RegisterExitCallback(onExit);
  }
  }else{
  int customer_id =stoi(argv[2]);
  run_worker(0, customer_id);
  }
  ps::Finalize(0, true);

return 0;
}
```

每个节点都会执行 ps:: Start, 该函数初始化当前节点, 并建立和其他节点的通信, 函数
尾部有一个 Barrier 命令, 所有节点执行完此函数之后, 才会启动业务逻辑。节点在处理完业务
逻辑后, 会执行 ps:: Finalize, 该函数首先执行 Barrier, 也就是所有节点的业务逻辑处理完成
后整个系统的每个节点才会各自启动销毁流程。

▶▶ 11.5.4 模型保存与加载

与单机训练的模型保存不同, 分布式训练的模型保存有两个不同之处:

1) 参数首先进行 hash, 然后去 Server 查找对应的值, 需要保存参数和对应的 hash 值。

2) 模型参数的 hash 值和参数的值存放在多台 Server 上, 需要汇总。

因此分布式训练在保存模型时, 首先将<模型参数、模型参数 hash 值>和<模型参数 hash

值、模型参数的值>分别保存在多个子文件中，待训练完成后再汇总成两个文件。

为了支持增量训练和预测，模型支持对已经训练好的模型文件进行加载。

▶▶ 11.5.5 效果评估

为了评估分布式训练的效果，本文使用不同的模式（单机/分布式）和不同的 Server/Worker 节点数量对训练效率进行了评估。

- 数据集合：淘宝广告点击数据集合，训练集合取自 0706～0712 号，共 23249296 条，训练集合取自 0713 号，共 3308665 条；基准 AUC 为 0.622。
- 特征配置：采用 V16 版特征，抽取了 144 个特征，其中 user dense 特征 8 个、ad dense 特征 10 个、user_ad 交叉 dense 特征 4 个、user sparse 特征 58 个、ad sparse 特征 9 个、user_ad 交叉 sparse 特征 55 个。
- 模型配置：全连接 DNN 模型，特征 embedding 维度为 8dim，模型配置为 fc：64->tanh->fc：1->sigmoid, loss 为交叉熵，优化器为 Nesterov，训练的 batch size 为 1024。

具体如表 11-1 和图 11-18 所示。

1）改造为分布式后，1 Server 1 Worker 的配置下，训练时间为 545.2min，比单机模式的 290.2min 多了 88%，AUC 相差无几。说明本文分布式改造带来了一定的通信开销，但是分布式训练的准确性是有保证的。

2）在分布式训练-多进程模式下，随着 Worker 数量的加倍，模型的训练时间呈现指数级下降趋势，但是下降的幅度逐步变小；同时 AUC 的在 Worker 数量为 2/4/8 时变化不大，但是在 Worker 数量为 16 时有了明显下降，一般此时可以通过使用实时业务的庞大样本量或调整训练参数来弥补。

3）多线程模式和多进程模型相比，训练时间相差不大（37.2min vs 37.2min），但是 test AUC 下降较多（0.638351 vs 0.644146）。

表 11-1 模型训练效率评估

Mode	Servers	Workers	time/min	test AUC
单机	0	1	290.2	0.66212
多进程	1	1	545.2	0.662644
多进程	1	2	283.3	0.660325
多进程	2	4	140.7	0.662481
多进程	4	8	72.6	0.661031
多进程	8	16	37.9	0.644146
多线程	8	16	37.2	0.638351

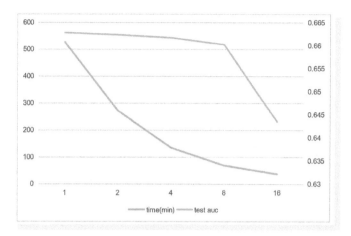

● 图 11-18　多进程模式下 Worker 数量和训练时间、测试 AUC 之间的变化趋势

整体而言，分布式训练相比于单机训练，在 AUC 损失不大的情况下，换来了训练时间的大幅度下降，成了主流业务中的训练模式。

11.6　小结

本章介绍了如何基于开源的参数服务器（Parameter Server）实现一个分布式训练的框架。

读万卷书，也要行万里路。在了解分布式机器学习基本理论的基础上，进行相关的代码实现，将有助于对分布式机器学习的理解。代码实现中包含了大量的细节，而"魔鬼"正藏于细节。

希望读者在阅读本章和相关的代码实现后，对分布式机器学习有更为深刻感性的认识，从而在日常的工作学习中更好地使用分布式机器学习这件"武器"。

结　语

近年来，深度学习得到了猛烈发展。尤其是在互联网内容分发的一系列业务——搜索、推荐系统、广告中，深度学习全面统治了检索系统中各个环节的算法选型。某种程度上，可以认为在互联网业务中深度学习等价于人工智能。

但是在使用深度学习解决具体问题时，往往需要针对该问题收集专有的样本和特征，然后基于这些数据训练一个专有模型。训练出的模型一般只能解决某一个问题，难以泛化到其他的问题上。虽然业内出现了知识图谱和预训练这样的技术，但是如何从海量的互联网数据中挖掘出不依赖于具体应用的客观知识、并将其低成本地泛化到各个具体的应用中，仍然是一个有待研究的问题。

与此同时，深度学习在很多更加令人期待的领域也遇到了很大瓶颈，如广受瞩目的自动驾驶领域，从2009年谷歌启动自动驾驶项目起，十几年过去了，真正的自动驾驶的汽车（L4/L5级别）仍然无法量产，而且看起来短时间内也难以有革命性的突破。

深度学习在各个领域的火热应用和瓶颈，意味着我们在通往强人工智能的道路上迈出了一小步，但是前面还有很多步需要走。在继续前进时，不仅算法要有突破，工程也要有所突破。

在今天，人工智能已经发展成为一门复杂的学科，各种深度学习的框架也愈发成熟完善。在日常的工作学习中，这些开源框架一方面为算法工作的研究与开发提供了便利，另一方面其高度的封装也限制了人们对底层技术的理解，让很多算法工程师沦为"调包侠""调参侠"。因此深入了解深度学习和分布式机器学习的基础原理和实现，是非常有必要的，这有助于他们更加深刻地理解深度学习算法以及分布式机器学习的核心原理和实现，从而更好地把握大型业务中算法系统的模型设计和系统设计。正如陆游在诗中所示，"纸上得来终觉浅，绝知此事要躬行"。

希望读者阅读本书后，一方面能够进一步了解深度学习以及人工智能的底层技术，另一方面了解在实际的互联网业务中，深度学习算法是如何落地的，从而对读者的学习和工作能有小小的帮助。

由于作者水平有限，书中难免有不足之处，欢迎发邮件至550941794@qq.com批评指正。

附　　录

附录 A　辅助学习资料

本书在编写过程中参考了大量的文献资料，感兴趣的读者如想进一步学习提升，可以参考表 A-1 中论文进一步阅读。

表 A-1　拓展学习论文资料

序号	论　文　名	作　　者	发表年份
1	Image Net Classification with Deep Convolutional Neural Networks	Krizhevsky A 等	2012
2	BERT：Pre-training of Deep Bidirectional Transformers for Language Understanding	Jacob Devlin 等	2018
3	Modeling Delayed Feedback in Display Advertising	Olivier Chapelle	2014
4	A Nonparametric Delayed Feedback Model for Conversion Rate Prediction	Yuya Yoshikawa 等	2018
5	An Attention-Based Model for Conversion Rate Prediction with Delayed Feedback via Post-Click Calibration	Su Yumin 等	2020
6	Addressing Delayed Feedback for Continuous Training with Neural Networks in CTR Prediction	Sofia IraKtena 等	2019
7	A Feedback Shift Correction in Predicting Conversion Rates under Delayed Feedback	ShotaYasui 等	2020
8	Real Negatives Matter：Continuous Training with Real Negatives for Delayed Feedback Modeling	Gu Siyu 等	2021
9	Deep Learning Recommendation Model for Personalization and Recommendation Systems	MaximNaumov 等	2019
10	Learning Deep Structured Semantic Models for Web Search Using Clickthrough Data	Huang Po-Sen 等	2013
11	Learning Tree-Based Deep Model for Recommender Systems	Zhu H 等	2018
12	Bidirectional LSTM-CRF Models for Sequence Tagging	Huang Zhiheng 等	2015
13	Efficient Estimation of Word Representations in Vector Space	Mikolov T 等	2013

（续）

序号	论　文　名	作　　者	发表年份
14	Deep Residual Learning for Image Recognition	He K 等	2016
15	Ad Click Prediction：A View from the Trenches	Brendan McMahan H 等	2013
16	Practical Lessons from Predicting Clicks on ads at Facebook	He Xinran 等	2014
17	Wide &Deep Learning for Recommender Systems	Cheng Heng-Tze 等	2016
18	Attention isAll You Need	Ashish Vaswani 等	2017
19	Deep Interest Network for Click-Through Rate Prediction	Zhou Guorui 等	2018
20	Entire Space Multi-Task Model：An Effective Approach for Estimating Post-Click Conversion Rate	Ma Xiao 等	2018
21	Progressive Layered Extraction（PLE）：A Novel Multi-Task Learning（MTL）Model for Personalized Recommendations	Tang Hongyan 等	2020
22	COLD：Towards the Next Generation of Pre-Ranking System	Wang Zhe 等	2020
23	Approximate Nearest Neighbor Algorithm based on Navigable Small World Graphs	Malkov Y 等	2014
24	Efficient and Robust Approximate Nearest Neighbor Search Using Hierarchical Navigable Small World Graphs	Malkov Y A 等	2016
25	Gpipe：Efficient Training of Giant Neural Networks Using Pipeline Parallelism.	Huang Y 等	2018